"中高职贯通"职业院校数控技术专业规划教材

数控铣床编程与加工

主　编　张　斌
副主编　蒋　燕
参　编　张胜民　沈晓琳　张忠慧

机 械 工 业 出 版 社

本书是“中高职贯通”职业院校数控技术专业规划教材，是根据教育部颁布的职业院校数控技术专业教学标准，同时参考相关职业资格标准编写而成的。本书采用了多任务驱动的项目式教学法，主要内容包括绪论，轮廓铣削编程与加工，凹槽铣削编程与加工，孔铣削编程与加工，斜面、曲面铣削编程与加工，典型零件铣削编程与加工。本书在内容上注重结构性和条理性，教学任务大都来自生产实例，具有很强的针对性；在结构上遵循职业院校学生的学习及技能形成规律，旨在使学生掌握数控铣削编程与加工的知识和技能。

本书可作为职业院校机械类各专业教材，也可作为数控操作岗位培训教材，以及相关技术人员的参考用书。

本书配有电子课件，使用本书的读者可登录机工教育服务网（www.cmpedu.com）注册并免费下载。

图书在版编目（CIP）数据

数控铣床编程与加工/张斌主编．—北京：机械工业出版社，2019.8
“中高职贯通”职业院校数控技术专业规划教材
ISBN 978-7-111-63485-0

Ⅰ.①数…　Ⅱ.①张…　Ⅲ.①数控机床—铣床—程序设计—高等职业教育—教材②数控机床—铣床—加工—高等职业教育—教材
Ⅳ.①TG547

中国版本图书馆CIP数据核字（2019）第173657号

机械工业出版社（北京市百万庄大街22号　邮政编码100037）
策划编辑：齐志刚　责任编辑：齐志刚　赵文婕
责任校对：刘志文　封面设计：张　静
责任印制：张　博
三河市宏达印刷有限公司印刷
2019年11月第1版第1次印刷
184mm×260mm・8.25印张・200千字
0001—1900册
标准书号：ISBN 978-7-111-63485-0
定价：26.00元

电话服务	网络服务
客服电话：010-88361066	机　工　官　网：www.cmpbook.com
010-88379833	机　工　官　博：weibo.com/cmp1952
010-68326294	金　书　网：www.golden-book.com
封底无防伪标均为盗版	机工教育服务网：www.cmpedu.com

编审委员会

前　言

本书是为贯彻落实教育部关于“加强职业教育教材建设，保证教学资源基本质量”的要求，适应中高职贯通培养的办学模式，结合专业培养目标以及现阶段的教学实际需求编写的。

本书依据国家职业标准和岗位需求，以工作任务为驱动，从生产应用的角度出发，理论结合实践，注重培养学生的综合职业能力。本书在编写中具有以下特点：

1. 以能力为本位，准确定位目标

从职业活动的实际需要出发，运用简洁的语言讲解基本知识和技能，让学生易学会，能掌握。

2. 以工作岗位为依据，构建知识体系

本书将知识体系与数控铣工工作岗位要求有机结合，增强了教学的实用性和可操作性，有利于培养学生分析和解决实际问题的能力。

3. 以工作任务为线索，组织教学内容

以工作任务整合相应的知识、技能，实现理论知识与实践操作的一致性。

本书的建议学时数为120学时，各项目的学时分配见下表。

项目	任务	学时数
绪论	认识数控铣床	4
	数控铣床面板功能	5
	数控铣床铣削加工准备	5
	数控加工程序	6
轮廓铣削编程与加工	六面体铣削编程与加工	10
	台阶面铣削编程与加工	10
	凸台铣削编程与加工	10
凹槽铣削编程与加工	键槽铣削编程与加工	10
	型腔铣削编程与加工	10
	圆弧槽综合铣削编程与仿真加工	10

（续）

项目	任务	学时数
孔铣削编程与加工	通孔铣削编程与加工	4
	阶梯孔铣削编程与加工	4
斜面、曲面铣削编程与加工	斜面铣削编程与加工	4
	曲面内轮廓铣削编程与加工	8
典型零件铣削编程与加工	永磁泵泵体铣削编程与加工	10
	叶轮铣削编程与加工	10

本书由上海市工程技术管理学校张斌任主编，蒋燕任副主编，张胜民、沈晓琳、张忠慧参与编写。具体写作分工如下：绪论由张斌、蒋燕编写；项目一、二由张斌编写；项目三由张胜民、沈晓琳编写；项目四由张忠慧、蒋燕编写；项目五由张斌、张忠慧编写。全书由张斌统稿。

在本书编写过程中，编者参阅了国内外出版的有关教材和资料，得到了上海师范大学信息与机电工程学院沈辉、周华和上海机床厂钱伟菁的有益指导，在此一并表示衷心感谢！

由于编者水平有限，书中不妥之处在所难免，恳请读者批评指正。

编　者

目　录

前　言

绪　论 …… 1

一、认识数控铣床 …… 1

二、数控铣床面板功能 …… 7

三、数控铣床铣削加工准备 …… 12

四、数控加工程序 …… 15

项目一　轮廓铣削编程与加工 …… 19

任务一　六面体铣削编程与加工 …… 19

任务二　台阶面铣削编程与加工 …… 34

任务三　凸台铣削编程与加工 …… 43

项目二　凹槽铣削编程与加工 …… 49

任务一　键槽铣削编程与加工 …… 49

任务二　型腔铣削编程与加工 …… 56

任务三　圆弧槽综合铣削编程与仿真加工 …… 63

项目三　孔铣削编程与加工 …… 73

任务一　通孔铣削编程与加工 …… 73

任务二　阶梯孔铣削编程与加工 …… 84

项目四　斜面、曲面铣削编程与加工 …… 94

任务一　斜面铣削编程与加工 …… 94

任务二　曲面内轮廓铣削编程与加工 …… 100

项目五　典型零件铣削编程与加工 …… 104

任务一　永磁泵泵体铣削编程与加工 …… 104

任务二　叶轮铣削编程与加工 …… 114

附录 …… 120

附录 A　数控铣床 G 功能和 M 功能 …… 120

附录 B　切削用量推荐值 …… 122

参考文献 …… 124

绪　　论

一、认识数控铣床

（一）数控铣床基本知识

数控铣床是用计算机数字化信号控制的铣床。在数控铣床上，工件加工的整个过程均由数字指令控制，在加工前要用指定的数字代码按照工件图样编制加工程序，输入到数控铣床中的数控装置，数控装置便根据数控指令控制铣床的刀具及工件的相对位移加工工件，当工件的加工程序结束时，铣床自动停止。数控铣床的应用十分广泛，可用来加工螺旋槽、叶片等立体曲面零件。

1. 数控铣床的类型

数控铣床按主轴在空间中所处状态的不同，分为立式和卧式以及立卧两用数控铣床。主轴在空间中处于垂直位置的，称为立式数控铣床（图 0-1）；主轴在空间中处于水平位置的，称为卧式数控铣床（图 0-2）。主轴在空间中可进行垂直和水平位置转换的，称为立卧两用数控铣床。

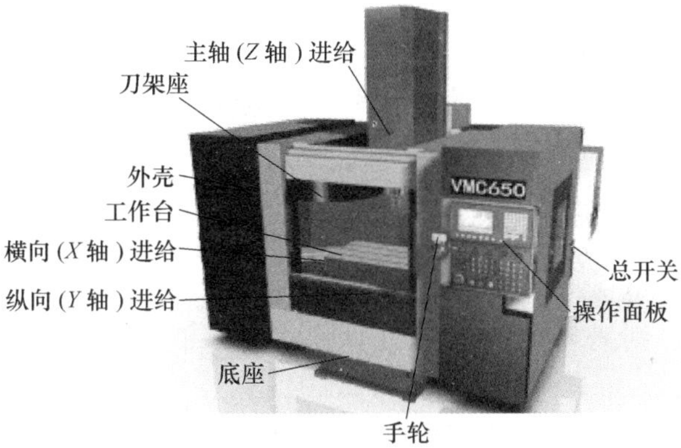

图 0-1　立式数控铣床

图 0-2　卧式数控铣床

2. 数控铣床的系统组成

数控铣床一般由以下六个部分组成（图 0-3）。

（1）输入/输出装置　存储介质上记录的加工信息需要通过输入装置传送给机床数控系统，机床内存中的加工程序可以通过输出装置输送给存储介质。输入/输出装置是机床外部设备的接口，目前的输入/输出装置主要有 RS232C 串行通信口、MDI 方式等。

（2）数控装置　数控装置是铣床实现自动加工的核心，其接收输入装置传送的数字化信息，经过数控装置的控制软件和逻辑电路进行译码、运算和逻辑处理后，将指令输出给伺服系统。

（3）伺服系统　伺服系统是数控系统的执行部分，包括伺服驱动电动机、伺服驱动元件和执行机构等。其作用是把数控装置的脉冲信号转换成机床移动部件的运动。每一个脉冲信号使机床移动部件产生的位移量，称为脉冲当量。每一个进给运动的执行部件都有相应的伺服驱动系统，整个机床的性能主要取决于伺服系统。常用的伺服驱动元件有步进电动机、直流伺服电动机、交流伺服电动机和电液伺服电动机等。

（4）检测反馈装置　检测反馈装置的作用是对机床的实际运动速度、方向、位移量以及加工状态进行检测，把检测结果转化为电信号反馈给数控装置，通过比较计算出实际位置与指令位置之间的偏差，并发出纠正误差指令。

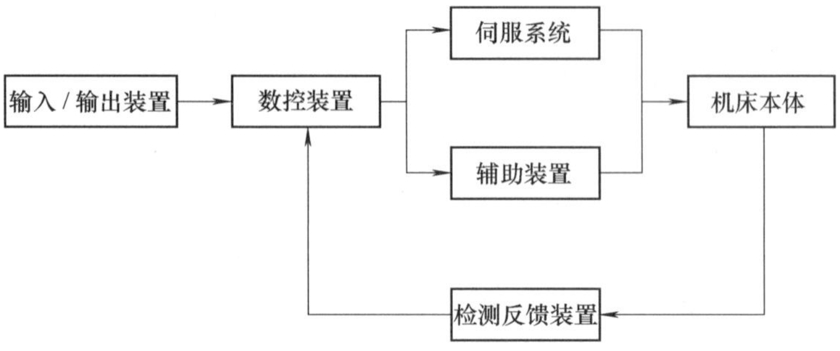

图 0-3　数控铣床的系统组成

（5）机床本体　机床本体是数控机床的机械结构主体，主要包括主运动部件、进给运动部件（工作台和刀架等）和支承部件（床身和立柱等）。

（6）辅助装置　辅助装置主要包括液压控制系统、润滑装置、冷却装置、排屑装置、工件夹紧机构、回转工作台、过载和保护装置等。

3. 数控铣床的选用

（1）机床类型的选择　一般来说，立式数控铣床及镗铣加工中心适用于平面凸轮、箱盖、壳体等形状复杂的仅需单面加工的零件，也用于加工模具的内、外型腔等；卧式数控铣床和加工中心配合回转工作台适用于箱体、泵体、壳体等有多面加工任务的零件。如果对箱体的侧面与顶面要求在一次装夹中完成加工，可选用五面体加工中心。

如果将适合在卧式数控铣床和加工中心加工上的典型零件放在立式铣床和加工中心上加工，当对零件的多个加工面进行多工位加工时，则需要更换夹具和变换工艺基准，这会降低加工精度和生产效率；如果将适合在立式数控铣床和立式加工中心上加工的典型零件放在卧式数控铣床或加工中心上加工，则需要增加弯板夹具，这会降低零件加工工艺系统刚性。

为了保持数控铣床和镗铣加工中心的精度，降低生产成本，延长机床使用寿命，通常把零件的粗加工，零件基准面、定位面的加工安排在普通机床上进行。

（2）机床规格的选择　应根据被加工典型零件的尺寸选用相应规格的数控机床。数控机床的主要规格包括工作台尺寸、数控进给坐标轴的行程范围和主轴电动机功率。选用合适的工作台尺寸，可确保零件在其上能顺利装夹；选择合适的进给坐标行程，可确保零件的加工尺寸均在各个坐标轴的有效行程内。

此外，选择数控机床时还应考虑零件与换刀空间的干涉及工作台回转时与护罩等附件的干涉等一系列问题，还要考虑机床工作台的承载能力。

（3）机床精度的选择　选择机床的精度等级应根据被加工零件关键部位的加工精度要求来确定。一般来说，批量生产时，零件的实际加工精度公差数值是机床定位精度公差数值的 1.5~2 倍。数控铣床和加工中心按精度分为普通型和精密型，其主要精度项目见表 0-1。普通型数控（通用数控装置）铣床和加工中心可批量加工 IT8 级精度的工件；精密型数控铣床和加工中心的加工精度可达IT6~IT5级，但对使用环境的要求较为严格，还要采取恒温等工艺措施。

表0-1 数控铣床和加工中心主要精度项目

精度项目	普通型	精密型
直线定位精度/mm	±0.01（全程）	±0.005（全程）
重复定位精度/mm	±0.006	±0.002
铣圆精度/mm	0.03~0.04	0.02

数控铣床和加工中心的直线定位精度和重复定位精度综合反映了各运动元件的综合精度。铣圆精度是综合评价数控铣床和加工中心相关控制轴的伺服跟随运动特性和数控系统插补功能的指标。

（二）数控铣床铣削岗前认知

1. 安全操作规程

1）进入数控机床实训场地前，必须经过安全文明生产和数控机床操作规程的学习。进入数控机床实训场地后，应服从安排，不得擅自起动或操作数控机床。

2）按规定穿戴好劳动防护用品。

3）不允许穿高跟鞋、拖鞋上岗，不允许戴手套和围巾进行操作。

4）开机床前，应该仔细检查机床电气控制系统是否正常，各传动手柄、变速手柄的位置是否正确，润滑系统是否畅通、油质是否良好。

5）使用数控机床操作面板时，对各按键及开关的操作不得用力过猛，更不允许用扳手或其他工具进行操作。

6）手动对刀时，应选择合适的进给速度；手动换刀时，刀架与工件之间要有足够的转位距离，以保证不发生碰撞。完成对刀后，要做模拟换刀试验，以防止正式操作时发生撞坏刀具、工件或设备等事故。

7）不允许在机床正常运行时打开电气柜的门。

8）加工程序必须经过实训老师严格检验方可进行操作。

9）自动运行加工时，实训老师必须在场，操作者应集中精神，左手手指应放在急停按钮上，眼睛观察刀尖运动情况，右手控制修调开关，控制机床滑板运行速度，发现问题及时按下急停按钮，以确保设备安全。

10）如果机床发生故障，则操作者要注意保留现场，并向实训老师如实说明故障发生前后的情况，以利于分析问题，查找故障原因。

11）实训结束时，除了要按规定保养数控机床外，还应认真做好交接班工作，必要时应做好文字记录。

2. 工作前检查

1）每天做好各导轨面的清洁润滑工作，有自动润滑系统的机床要定期检查、清洗自动润滑系统，要检查油量，及时添加润滑油，检查油泵是否定时起动打油及停止。

2）每天检查主轴箱自动润滑系统工作是否正常，定期更换主轴箱润滑油。

3）检查电气柜中冷却风扇是否正常工作，风道过滤网有无堵塞，清洗黏附的尘土。

4）检查冷却系统，检查切削液液面高度，及时添加切削液，切削液脏时要及时处理。

5）检查导轨、机床防护罩是否安全有效。

6）检查各运动部件的机械精度，以减小加工误差。

3. 操作注意事项

数控铣削加工可分为加工前、加工过程中、加工完成后三个阶段，每个阶段工作的注意事项如下。

（1）加工前的注意事项

1）数控铣床回参考点时，应先回Z轴，再回X轴、Y轴，以免主轴碰撞工作台。

2）当使用推高机、吊车或类似设备时，不要弄坏机器保护罩。

3）注意工具、量具的摆放，特别注意在完成工件的装夹后，应将卡盘钥匙取下。

4）使用数控机床操作面板时，在按循环启动按钮前，检查夹具、工件是否装夹牢固。

5）程序调试完成后，必须经实训老师同意后方可按步骤操作，不允许跳步骤执行程序，未经实训老师许可，不可擅自操作或违规操作。

6）加工前注意检查空运行按钮是否取消，没取消必须及时取消。

（2）加工过程中的注意事项

1）加工零件时，必须关上防护门，不准把头、手伸入防护门内，加工过程中不允许打开防护门。

2）加工过程中，操作者不能擅自离开机床，应时刻保持精神的高度集中，观察机床的运行状态。

3）不要用手直接接触铁屑或主轴，清理铁屑时应使用专用的拉丝钩。

4）严禁徒手或使用其他任何方式，接触正在旋转的主轴、刀具和机床其他运动部位。

5）加工过程中严禁测量零件。

（3）加工完成后的注意事项

1）当更换零件时，注意使工件与刀具之间保持适当的距离，并停止机器运转。

2）用手接触刚加工完的零件时，注意防止被零件烫伤和被零件上的毛刺割伤。

3）工作完毕应做好清洁和整理工作，并关闭铣床电源。

4）清洁铣床时，应注意将铁屑分类存放。

5）离开铣床前要检查切削液是否漏出，关闭总电源。

（三）认识数控铣床坐标系

1. 机床坐标系的确定

（1）机床相对运动的规定　在机床上，假定工件是静止的，而刀具相对于静止的工件运动。这样编程人员在不考虑机床上工件与刀具具体运动的情况下，就可以依据零件图样，确定机床的加工过程，从而进行编程。

（2）机床坐标系的规定　在数控铣床上，有机床的横向运动、纵向运动以及垂直运动，如图0-4所示。在数控加工中使用机床坐标系来描述机床的运动。

在数控机床上，机床的动作是由数控装置来控制的，为了确定数控机床上的成形运动和辅助运动，必须先确定机床上运动的距离和运动的方向，这需要通过一个坐标系来实现，这个坐标系被称为机床坐标系。机床坐标系统是一个笛卡儿坐标系，如图0-5所示，右手的大拇指、食指和中指保持相互垂直，拇指的方向为X轴的正方向，食指的方向为Y轴的正方向，中指的方向为Z轴的正方向。围绕X、Y、Z三个坐标轴的回转运动分别用A、B、C表示，其正方向用右手螺旋法则确定。

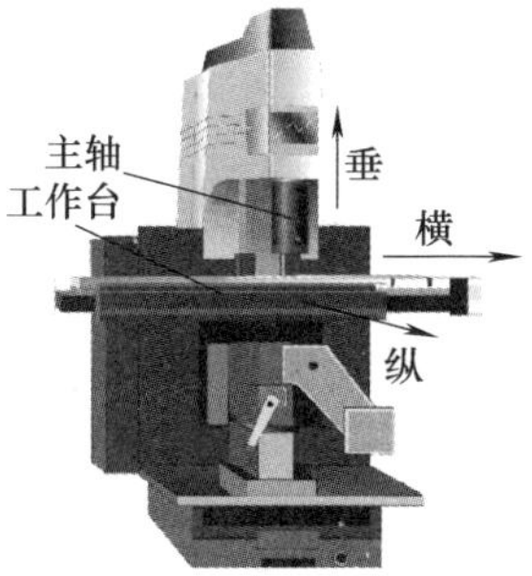

图 0-4　立式数控铣床坐标系

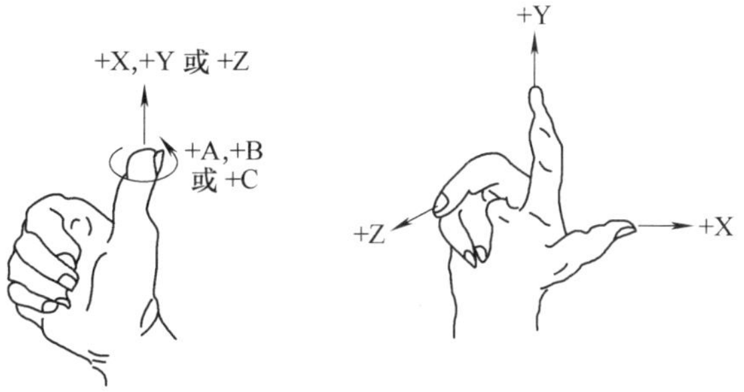

图 0-5　笛卡儿坐标系

（3）运动部件正方向的规定　增大刀具与工件之间距离的方向即为各运动部件的正方向。图 0-6 所示为数控机床上运动部件的两个正方向。

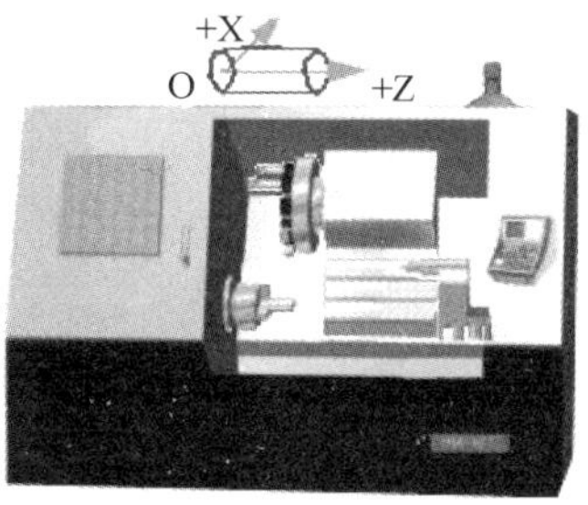

图 0-6　机床运动部件的正方向

2. 坐标轴方向的确定

（1）Z 轴　Z 轴的运动方向是由传递切削力的主轴决定的，即平行于主轴轴线的坐标轴即为 Z 轴，Z 轴的正方向为刀具离开工件的方向。

如果一台机床上有多个主轴，则选取垂直于工件装夹平面的主轴为 Z 轴；如果主轴能够摆动，则选取垂直于工件装夹平面的方向为 Z 轴方向；如果机床无主轴，则选取垂直于工件装夹平面的方向为 Z 轴方向。

（2）X 轴　X 轴通常平行于工件的装夹平面，一般在水平面内。确定 X 轴的方向时，要考虑以下两种情况：

1）如果工件做回转运动，则刀具离开工件的方向为 X 轴的正方向。

2）如果刀具做回转运动，则分为两种情况：当 Z 轴处于水平位置时，观察者沿刀具主轴向工件看，X 轴的正方向指向右方；当 Z 轴处于垂直位置时，观察者面对刀具主轴向立柱看，X 轴的正方向指向右方。

（3）Y 轴　在确定了 X、Z 轴的正方向后，可以根据 X、Z 轴的运动方向，按照笛卡儿坐标系确定 Y 轴的方向。

3. 机床原点

机床原点是指在机床上设置的一个固定点，即机床坐标系的原点。其位置是由机床设计和制造单位确定的，是数控机床进行加工运动的基准点。在数控铣床上，机床原点一般为 X、Y、Z 轴的正方向的极限位置，如图 0-7 所示。

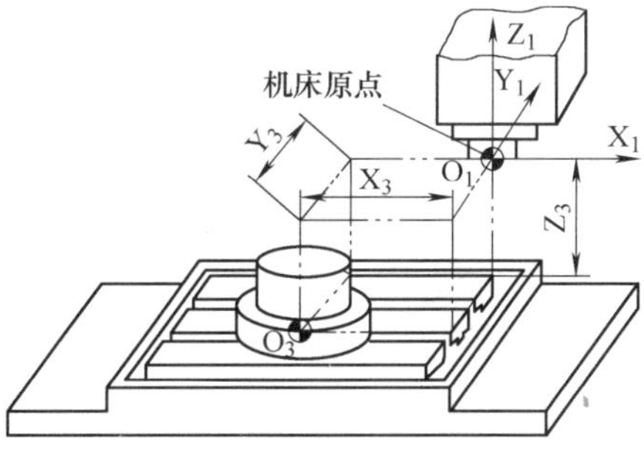

图 0-7　数控铣床的机床原点

4. 机床参考点

机床参考点是用于对机床运动进行检测和控制的固定位置点。机床参考点的位置是由机床制造单位测定后，在每个进给轴上用限位开关精确调整好的，坐标值已输入数控系统中，并记录在机床说明书中，因此，机床参考点相对于机床原点的坐标是一个已知的定值。

一般情况下，数控铣床上的机床原点和机床参考点是重合的；而数控车床上的机床参考点是离机床原点距离最远的极限点。

数控机床在开机后，先要确定机床原点，而确定机床原点的运动就是刀架返回参考点（又称回零）的操作。通过回零操作后，刀架运动到机床参考点，CRT 显示屏上才显示刀架基准点在机床坐标系中的坐标值，就建立了机床坐标系。只有机床参考点被确认后，刀具（或工作台）移动才有基准。

（四）数控铣床常用工具（表 0-2）

表 0-2 数控铣床常用工具

图　　片	名称及用途
	活扳手是一种旋紧或旋松螺母的工具。使用时，右手握住活扳手手柄，握住手柄末端，扳动起来更省力。旋动小尺寸螺母时，需要不断地转动蜗轮，调节扳口的大小，手应握住手柄前端（靠近呆扳唇的位置），并用大拇指调节蜗轮，以适应螺母的尺寸
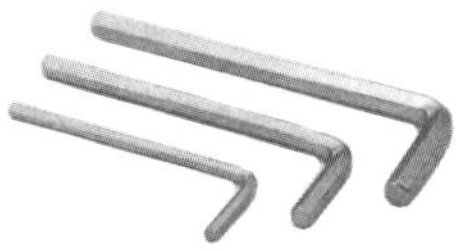	内六角扳手是一种旋紧或旋松内六角螺钉的工具
	刀柄用于装夹各类铣刀，并使铣刀和主轴相连完成主运动
	拉钉是连接件，主要作用是通过拉钉和主轴内的拉刀装置，使刀柄固定在主轴上
	等高垫块是用于机械零件划线，确定机械加工基准的专用工具
	橡胶锤主要用于敲击一些精度比较高，材质比较软的材料

（续）

图　　片	名称及用途
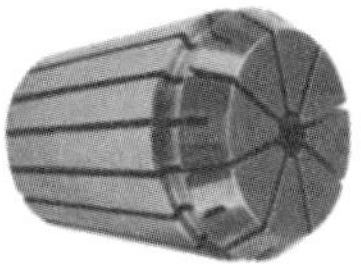	弹簧夹头是装置在铣床上的用来固定钻头或铣刀的筒形的固定装置，具有提高工件加工精度和表面质量，延长刀具寿命，降低振动等作用
	寻边器是精确确定被加工工件中心位置的一种检测工具，用于 X 轴、Y 轴对刀
	Z 轴设定器用于精确测量数控数控机床及工件尺寸，用于 Z 轴对刀
	机用虎钳是一种通用夹具，将其固定在机床工作台上，用来装夹工件进行切削加工
	自定心卡盘是一种夹具，其利用均布在卡盘体上的三个活动卡爪的径向移动，把工件夹紧并进行定位

二、数控铣床面板功能

1. CRT/MID 数控操作面板

图 0-8 所示为 FANUC 0i-MD 数控操作面板，各按钮功能见表 0-3。

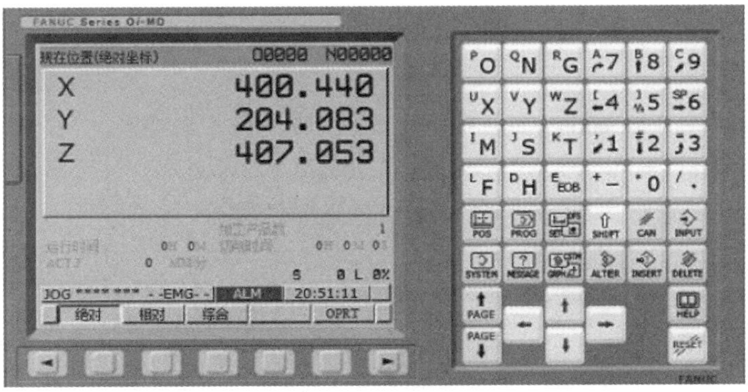

图 0-8　FANUC 0i-MD 数控操作面板

表 0-3　FANUC 0i-MD 数控操作面板各按钮功能

名称	按钮	功　能
数字/字母按钮		用于输入数据到输入区域，系统自动判别取字母还是取数字
编辑按钮		替换按钮。用输入的数据替换光标所在处的数据
		删除按钮。删除光标所在处的数据
		插入按钮。把输入区中的数据插入到当前光标之后的位置
		取消按钮。消除输入区内的数据
		换行按钮。结束一段程序的输入并且换行
		上档按钮
页面切换按钮		程序显示与编辑页面
		位置显示页面
		偏置 /设定页面
		系统页面
		信息页面
		图形参数设置页面
		系统帮助页面
翻页按钮		向上翻页
		向下翻页

（续）

名称	按钮	功　　能
光标移动按钮		向上移动光标
		向左移动光标
		向下移动光标
		向右移动光标
输入按钮		把输入区内的数据输入到参数页面
复位按钮		

2. 机床操作面板

图 0-9 所示为 FANUC 0i-M 机床操作面板，主要用于控制机床的运动和选择机床运行状态，各按键功能见表 0-4。

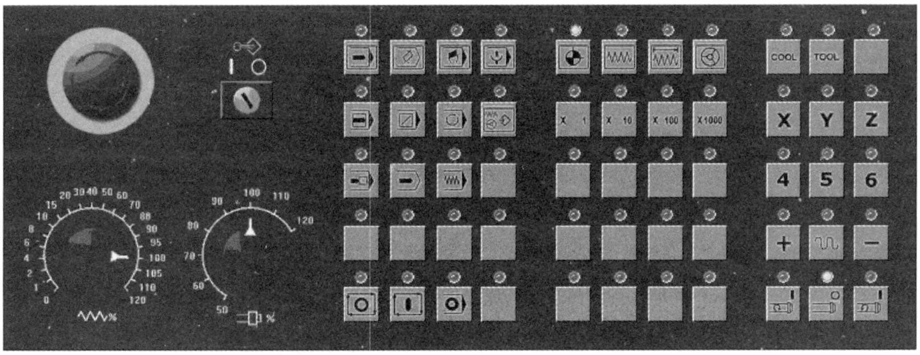

图 0-9　FANUC 0i-M 机床操作面板

表 0-4　FANUC 0i-M 机床操作面板各按键功能

名称	按键	功　　能
AUTO（MEM）键 （自动模式键）		按此键系统进入自动加工模式
EDIT 键 （编辑键）		用于直接通过操作面板输入数控程序和编辑程序
文件传输键		通过 RS232 接口把数控系统与计算机相连并传输文件

（续）

名称	按键	功　能
REF 键（回参考点键）		以手动方式回机床参考点
JOG 键（手动模式键）	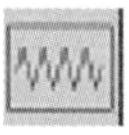	以手动方式移动各轴
INC 键（增量进给键）		以手动脉冲方式进给
HNDL 键（手轮进给键）		按此键切换成手摇轮移动各坐标轴
切削液开/关键		按此键切削液开
刀具选择键		按此键在刀库中选刀
SINGL 键（单段执行键）		自动加工模式和 MDI 模式中，单段运行
程序段跳过键		在自动模式下按此键，跳过程序段开头带有“/”的程序
程序停止键		自动模式下遇到 M00 指令程序停止
程序重启键		由于刀具磨损等原因自动停止后，程序可以从指定的程序段重新启动
机床锁住键		机床各轴被锁住
空运行键		各轴以固定的速度运动
机床主轴手动控制键		手动模式下按此键主轴正转
		手动模式下按此键主轴停转
		手动模式下按此键主轴反转
循环（数控）停止键		数控程序运行中按此键停止程序运行
循环（数控）启动键		模式选择旋钮在“AUTO”和“MDI”位置时按此键，自动加工程序，其余时间按下无效

（续）

名称	按键	功　能
坐标轴方向手动进给键	X	X 轴方向手动进给
	Y	Y 轴方向手动进给
	Z	Z 轴方向手动进给
正方向进给键	+	正方向进给
负方向进给键	−	负方向进给
快速进给键		手动方式下同时按住此键和一个坐标轴点动方向键，坐标轴以快速进给速度移动
步进距离按键	X 1	选择手动移动时每一步的距离，×1 为 0.001mm
	X 10	选择手动移动时每一步的距离，×10 为 0.01mm
	X 100	选择手动移动时每一步的距离，×100 为 0.1mm
	X1000	选择手动移动时每一步的距离，×1000 为 1mm
程序编辑开关	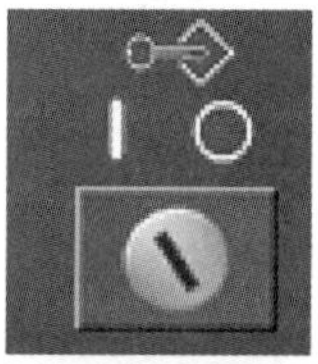	置于“ON”或“0”位置，可编辑程序；置于“1”位置，程序保护
进给速度（F）调节旋钮		调节进给速度，调节范围为 0%～120%
主轴速度调节旋钮	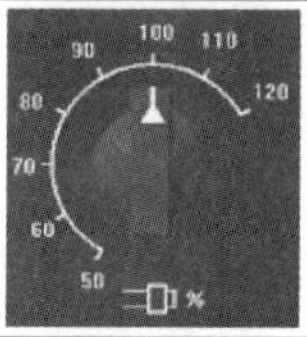	调节主轴速度，调节范围为 50%～120%
紧急停止按钮	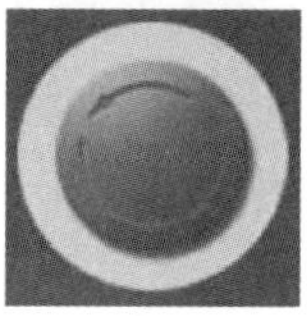	按此旋钮可使机床和数控系统紧急停止，旋转可释放

三、数控铣床铣削加工准备

1. 工件坐标系与工件原点

工件坐标系又称编程坐标系，是编程人员根据零件图样及加工工艺要求等因素建立的坐标系。

工件坐标系一般供编程使用，确定工件坐标系时不必考虑工件（毛坯）在机床上的实际装夹位置。

工件原点是根据零件图样及加工工艺要求建立的工件坐标系的原点。

工件原点应尽量选在零件的设计基准或工艺基准上，工件坐标系中各轴的方向应与所使用的数控机床相应的坐标轴方向一致。图 0-10 所示为车削加工零件的工件坐标系和工件原点。

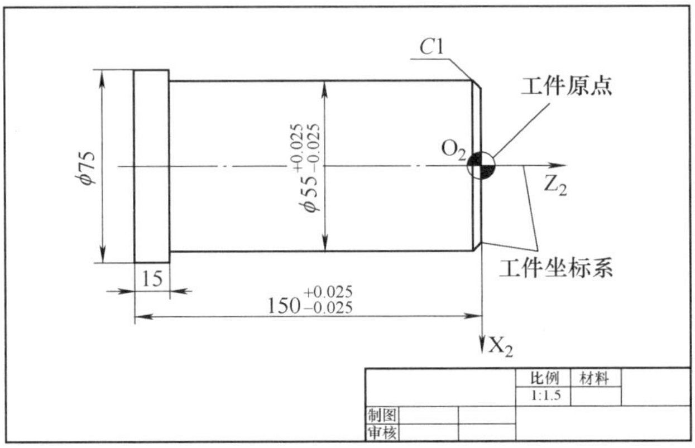

图 0-10　车削加工零件的工件坐标系和工件原点

2. 加工坐标系与加工原点

加工坐标系是指以确定的加工原点为基准所建立的坐标系。加工原点也称程序原点，是指工件被装夹好后，相应的工件原点在机床坐标系中的位置。

在加工过程中，数控机床是按照工件装夹完成后所确定的加工原点位置和程序要求进行加工的。编程人员在编制程序时，根据零件图样就可以选定工件原点、建立工件坐标系、计算坐标数值，而不必考虑毛坯装夹的实际位置。对于加工人员来说，则应在装夹工件、调试程序时，将工件原点转换为加工原点，并确定加工原点的位置，在数控系统中给予设定（即给出原点设定值），设定加工坐标系后就可根据刀具当前位置，确定刀具起始点的坐标值。在加工时，工件各尺寸的坐标值都是相对于加工原点而言的，这样数控机床才能按照准确的坐标位置开始加工。

3. 数控铣床对刀操作

数控铣床采用“试切法 ”对刀，下面举例说明“试切法”对刀的操作方法。

（1）工件的装夹　将机用平口钳安装在铣床（加工中心）工作台上，用百分表校平（钳口与 X 方向平行）。将 50mm ×50mm ×20mm 的毛坯装入机用平口钳中，下垫垫铁，工件露出钳口 10mm，放平且夹紧。

（2）刀具的装夹　把 φ10mm 键槽铣刀（立铣刀）、8 ~ 10mm 卡簧装入铣刀刀柄，再把铣刀刀柄连同铣刀装入铣床主轴。

（3）对刀操作　使用 G54、G55、G59 等指令，将机床坐标系原点偏置到工件坐标系零点上。本例中，工件坐标系原点在工件左下角上表面处（图 0-11），通过对刀将偏置距离测出并存储到 G54 指令中，操作步骤如下：

1）在 MDI 模式下输入“M3 S500”指令，按“循环启动”键或在手动模式下按机床主轴控制键，使主轴正转。

2）X 轴对刀。按“图形参数设置”（OFFSET）键，出现图 0-12 所示刀具补偿页面；按“坐标系”软键，出现图 0-13 所示坐标系设定页面；将光标移至 G54 指令中的 X 轴数据处，输入刀具在工件坐标系中的 X 坐标值，此处为 X-5，按“测量”软键，完成 X 轴对刀。

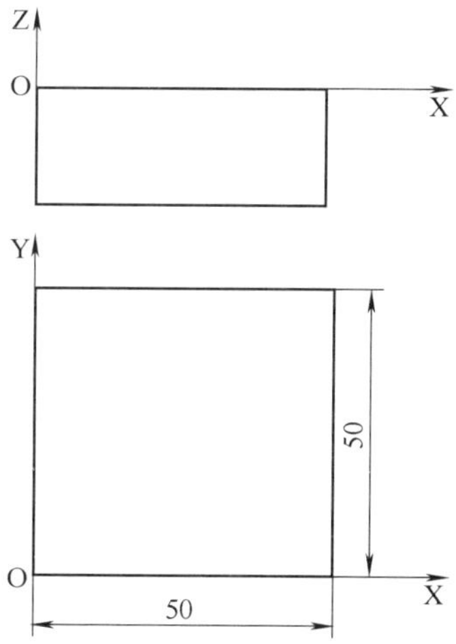

图 0-11　示例零件图

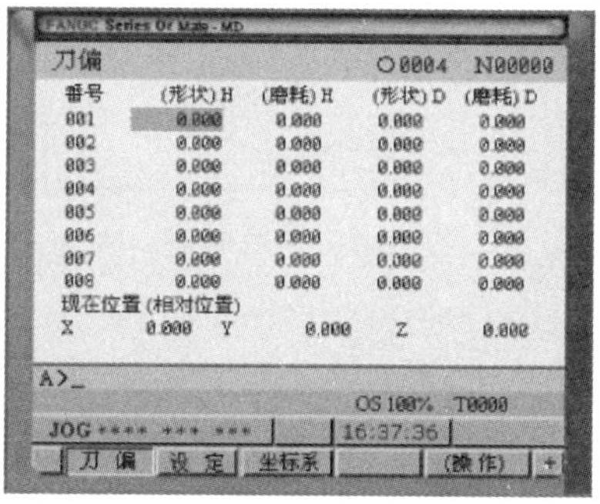

图 0-12　刀具补偿页面

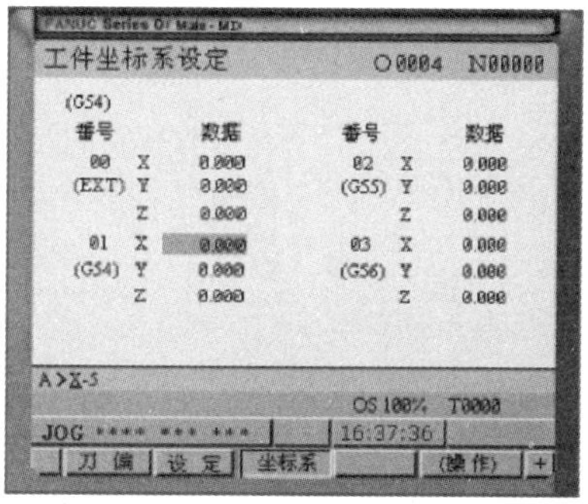

图 0-13　坐标系设定页面

3）Y 轴对刀。按“图形参数设置”（OFFSET）键，出现图 0-12 所示刀具补偿页面；按“坐标系”软键，出现图 0-13 所示坐标系设定页面；将光标移至 G54 指令中的 Y 轴数据处，输入刀具在工件坐标系中的 Y 坐标值，此处为 Y-5，按“测量”软键，完成 Y 轴对刀。

4）Z 轴对刀。按“图形参数设置”（OFFSET）键，出现图 0-12 所示刀具补偿页面；按“坐标系”软键，出现图 0-13 所示坐标系设定页面；将光标移至 G54 指令中的 Z 轴数据处，输入 Z0，按“测量”软键，Z 方向提起刀具，完成对刀操作。

4. 切削用量的概念

切削用量是表示主运动及进给运动参数大小的量，是切削深度、进给量和切削速度三要素的总称，用来描述切削加工运动量。

（1）切削深度　车削加工的切削深度为背吃刀量，铣削加工的切削深度包括背吃刀量和侧吃刀量。

1）车削加工的切削深度。背吃刀量是在与主运动和进给运动方向相垂直的方向上测量的已加工表面与待加工表面之间的距离，单位为 mm。在图 0-14a 所示的轴类零件的车削加工中，其背吃刀量（a_p）可由下式计算

$$a_p = \frac{d_w - d_m}{2}$$

式中　d_w——工件待加工表面的直径，单位为 mm；

d_m——工件已加工表面的直径，单位为 mm。

2）铣削加工的切削深度。

铣削加工的背吃刀量（a_p）为平行于铣刀轴线测量的切削层尺寸，单位为 mm。周铣时，背吃刀量为被加工表面的宽度（图 0-14b），端铣时，背吃刀量为工件切削层的深度（图 0-14c）。

铣削加工的侧吃刀量（a_e）为垂直于铣刀轴线测量的切削层尺寸，单位为 mm。端铣时，侧吃刀量为被加工表面宽度；周铣时，侧吃刀量为工件切削层的深度。

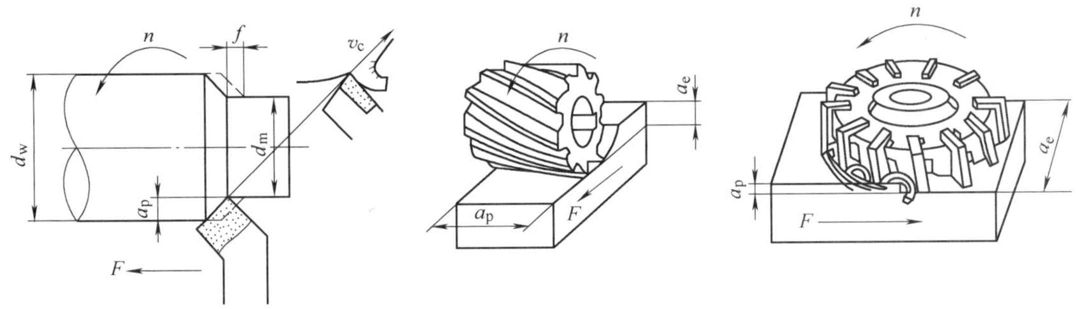

a) 车削用量　　b) 周铣切削用量　　c) 端铣切削用量

图 0-14　切削用量示意图

3）切削深度的选用。切削深度主要由加工余量和对工件表面质量的要求决定。当加工余量不大时，可粗加工一次进给完成；当加工余量较大或工艺系统刚性较差或机床动力不足时，可多次进给完成。

当零件表面质量要求不高时，可粗加工或分粗、半精加工两步加工；当零件表面质量要求较高时，宜分粗、半精、精加工三步进行加工。

（2）进给量

1）车削加工的进给量。车削加工的进给量 f 是指刀具在进给运动方向上相对于工件的位移量，可用刀具或工件每转（主运动为旋转运动时）的位移量来表达和测量，单位为 mm/r。

2）铣削加工的进给量。铣削加工的进给量 f 是指刀具旋转一周，工件与刀具沿进给运动方向的相对位移量；对于多齿刀具（如钻头、铣刀），每转中每齿相对于工件在进给运动方向上的位移量称为每齿进给量 f_z，单位为 mm/z。显然有

$$f_z = \frac{f}{z}$$

式中　z——刀齿数。

进给速度 u_f 是单位时间内工件与铣刀沿进给方向的相对位移量，单位为 mm/min 或 mm/r。进给速度与进给量的关系为

$$u_f = nf = nf_z z$$

式中 n——铣刀转速，单位为 r/min。

3）进给量的选用。进给量的选取主要依据工件材料的力学性能、刀具材料、对工件表面粗糙度的要求等因素。

工件材料强度和硬度越高，切削力越大，每齿进给量宜选小一些；刀具强度和韧性越高，可承受的切削力越大，每齿进给量可选大一些；对工件表面质量的要求较高，每齿进给量宜选小一些；工艺系统刚性较差，每齿进给量应取较小值。

（3）切削速度　切削速度是指切削刃上的选定点相对于工件主运动的瞬时速度，单位为 m/min。当主运动为回转运动时，其计算公式为

$$v_c = \frac{\pi dn}{1000}$$

式中 d——切削刃上的选定点所对应的工件或刀具的直径，单位为 mm。

n——主轴转速，单位为 r/min。

选择切削速度时，应注意以下五点：

1）刀具材料硬度高，且耐磨、耐热性好，可选取较高的切削速度。

2）工件材料的可加工性较差，例如强度、硬度高，塑性太大或太小，应选取较低的切削速度。

3）工艺系统（机床、夹具、工件、刀具）刚性较差，应适当降低切削速度，以防止产生振动。

4）切削速度的选用应与切削深度、进给量的选择相适应。当切削深度和进给量较大时，切削刃的负荷增加，使切削热增加，刀具磨损加快，从而限制了切削速度的提高；当切削深度和进给量较小时，可选择较高的切削速度。

5）在功率较小的机床上进行加工时，限制切削速度的因素也可能是机床功率。

5. 切削用量的选用原则

合理的切削用量应满足以下要求：在保证安全生产，不发生人身、设备事故，保证工件加工质量的前提下，能充分地发挥机床的潜力和刀具的切削性能，在不超过机床的有效功率和工艺系统刚性允许的额定负荷的情况下，尽量选用较大的切削用量。选择切削用量时应考虑以下问题：

（1）保证加工质量　主要是保证加工表面的精度和表面粗糙度达到零件图样的要求。

（2）保证选择的切削用量在工艺系统的能力范围内　不应超过机床允许的动力和转矩的范围，不应超过工艺系统（铣床、刀具、工件）刚性和强度范围，同时又能充分发挥它们的潜力。

（3）保证刀具有合理的使用寿命　在追求较高的生产效率的同时，保证刀具有合理的使用寿命，并考虑较低的制造成本。

以上三点，要根据具体情况有所侧重。一般在粗加工时，应尽可能地发挥刀具、机床的潜力，保证刀具合理的使用寿命；在精加工时，首先要保证工件加工精度和表面粗糙度，同时兼顾合理的刀具使用寿命。

四、数控加工程序

在数控机床进行自动加工之前，先要编写工件的加工程序。编写加工程序的过程：分析

零件图样，明确加工内容、加工要求；进行工艺设计，确定加工方法，确定机床、刀具、夹具等加工条件，确定必要的加工数据和工艺参数；将上述加工意图和数据结果按计算机数控装置所规定的程序格式填写成加工程序。

将加工程序输入到数控机床，并经过调试，使其成为计算机数控装置自动控制数控机床进行加工的依据。

1. 数控加工程序的结构

一个完整的数控加工程序由程序名、程序内容和程序结束三个部分组成。其格式如下：

```
O0001 ——————————————程序名
N10 G21 G90 G54——程序段 ┐
N20 M03 S150            │
N30 G00 X40.0 Y0.0      │
N40 G43 X20.0 H01       │
N50 G00 Z0.5 M08        ├ 程序内容
N60 G01 X0140.0 F150    │
⋮                       │
N140 G49 G28 Z20.0      ┘
N150 M30 ——————————————程序结束
```

（1）程序名　FANUC 系统程序名是 O××××。“××××”是四位正整数，可以为 0001~9999，例如 O0001 。程序名一般要求单独占一行且不需要程序段号。

（2）程序内容　程序内容是由若干程序段组成的，表示数控机床要完成的全部动作。每个程序段由一个或多个程序字构成，每个程序段一般占一行。

（3）程序结束指令　可用 M02 或 M30 功能指令作为整个程序的结束指令，一般要求其单独为一个程序段。

2. 程序段格式

程序段是指为了完成某一动作要求所需要的程序字（简称字）的组合。程序段格式是程序字在程序段中的顺序及书写方式的规定。不同的数控系统，其规定的程序段的格式不一定相同。现在最常用的是使用地址符的程序段格式（表 0-5）。使用地址符的程序段格式的优点是程序段中所包含的信息可读性高，便于人工编辑修改，为数控系统解释执行数控加工程序提供了一种便捷的方式。

表 0-5　地址符程序段格式

序号	1	2	3	4	5	6	7	8	9	10	11
代号	N	G	X U	Y V	Z W	I　J K　R	F	S	T	M	LF CR;
含义	顺序号字	准备功能字	坐标尺寸字				进给功能字	主轴转速功能字	刀具功能字	辅助功能字	结束符

3. 数控加工程序指令字的功能

（1）顺序号字　顺序号字又称程序段号，一般位于程序段之首，用地址符 N 和其后面的若干位数字（常用 2~4 位）表示。一般都将第一个程序段以 N10 为起始顺序号字，后面的顺序号字以 10 为间隔设置，便于调试时插入新的程序段。例如在 N10 和 N20 之间可插入 N11～N19。顺序号字相当于程序段的名字，主要作用是便于在编辑程序时进行校验和检索修改，还可用于程序转移。

需要注意的是，执行程序的顺序和输入程序的顺序有关，而与顺序号字的大小无关。所以，在一个完整的程序中也可以均不设顺序号字，或只在需要的部分设置顺序号字。

（2）准备功能字　准备功能字又称 G 功能或 G 指令，用来指定数控机床的加工方式和插补方式。G 指令由地址符 G 及其后面的两位数字组成，为 G00～G99 共 100 种，有些数控系统的 G 指令已使用三位数。

我国根据 ISO 1056—1975（E）制定了 JB 3208—1999 标准，规定了 G 代码的功能定义，但世界上的各数控系统生产厂家为了体现自身系统的特点，常不按照国际标准进行功能定义，造成 G 功能含义的差别。因此在具体使用时，必须根据数控机床系统应用说明书中的规定进行编程。

（3）坐标尺寸字　坐标尺寸字在程序段中主要给定数控机床在各种坐标轴上的移动方向、目标位置或位移量，由尺寸地址符和带正、负号或是带正、负号又有小数点的多位十进制的数字组成。尺寸地址符较多，具体含义如下：

1）X、Y、Z、U、V、W 表示直线坐标，与数学坐标的标注习惯相似。

2）A、B、C、D、E 表示角度坐标。回转轴的转动坐标字表达为 B30.45，其中“30.45”是回转角度，单位为°（度）。

3）I、J、K 表示圆心坐标。圆弧圆心坐标用 I、J、K 表示，I、J、K 地址符后面的数值一般是相对圆弧起点的增量值。

4）R 表示指定圆弧半径。大多数数控机床系统有半径指定功能，即在已知起点、终点的情况下，用半径 R 指定圆弧的大小。

（4）进给功能字　进给功能字由地址符 F 和若干位数字组成，故又称 F 功能或 F 指令。它的功能是指定数控机床刀具切削的进给速度，单位为 mm/r 或 mm/min。具体的进给速度由 F 后的数字给出。

在 FANUC 系统中，数控车床用 G98、G99 指令选择进给速度的单位，例如在 G98 F200 程序段中，F200 的单位是 mm/min；

在 G99 F0.2 程序段中，F0.2 的单位是 mm/r。

在 FANUC 系统中，数控铣床用 G94、G95 指令选择进给速度的单位，例如在 G94 F200 程序段中，F200 的单位是 mm/min；在 G95 F0.2 程序段中，F0.2 的单位是 mm/r。

有时进给功能字 F 还可用来指定螺纹导程，例如 F1.5，在螺纹加工程序段中表示螺纹导程为 1.5mm。

（5）主轴转速功能字　主轴转速功能字由地址符 S 和若干位数字组成，故又称 S 功能或 S 指令，主要用来指定数控机床的主轴转速或切削线速度，单位为 r/min 或 m/min。在 FANUC 系统中，用 G97、G96 指令确定主轴转速功能字的单位。

例如在 G96 S200 程序段中，S200 的单位是 m/min；在 G97 S1000 程序段中，S1000 单位是 r/min。

（6）刀具功能字　刀具功能字由地址符 T 和若干位数字组成，故又称 T 功能或 T 指令，主要用来指定数控加工所用的刀具。

1）数控车床的刀具功能。数控车床的 T 指令一般有两个功能：一是指令转塔上的刀具转换到工作位置；二是指令刀具的补偿号。

FANUC 系统中数控车床的刀具指令由地址符 T 和四位数字组成，一般前 1~2 位数字表示刀具号，后面 1~2 位数字表示刀具补偿号。例如 T0202，表示 02 刀具执行 02 号刀具补偿。

为了记述的方便，刀具补偿号应尽量与刀具号统一。具体的刀具不宜采用 00 号刀具 00 号刀补，如果选用了 0 号刀具或者刀补号为 0，则表示取消刀补。

2）数控铣床的刀具功能。在数控铣床中，多数系统的刀具功能只表示刀具号，而刀补号由地址符 D 或 H 指定。由于是手动换刀，所以在数控铣床中，T 指令没有用来指令刀具自动换刀的功能。

3）数控加工中心的刀具功能。数控加工中心用地址符 T 及两位数字指定加工时选用的刀具号。在数控加工中心中，使用 T 指令指定系统在刀库中选刀，使用 M 指令指定主轴上的刀具与刀库所选刀具实现交换，即新刀具被装到工作位置。例如：

N10 T06 表示刀库选择 06 号刀具到待换刀位置；

N20 M06 表示机械手把 06 号刀具装到主轴位置。

（7）辅助功能字　辅助功能字又称 M 功能，主要用于数控机床开关量的控制，表示一些机床辅助动作的指令。用地址符 M 和其后面的两位数字表示，为 M00~M99 共 100 种。与 G 指令一样，M 指令在实际使用中的标准化程度也不高。在不同的数控系统中，M 指令的含义是有差别的，使用前一定要查看相应的数控机床系统应用说明书。

项目一

轮廓铣削编程与加工

教学目标

1. 掌握平面铣削加工工艺和编程指令。
2. 掌握六面体铣削加工工艺与编程指令。
3. 掌握台阶面铣削加工工艺与编程指令。

任务一　六面体铣削编程与加工

学习目标

知识目标

- 掌握单一平面的铣削加工方法。
- 掌握平行面、垂直面加工的装夹方法。
- 掌握平行面、垂直面的铣削加工要求。
- 了解基准的选择原则。

技能目标

- 能根据加工要求进行单一平面、平行面、垂直面的铣削加工。
- 能测量铣削平面的平行度或垂直度误差。

【工作任务】

分析图 1-1 所示六面体的零件图，通过所学的数控铣削加工编程知识，结合编程代码 G00、G01 等指令，确定六面体的加工方法，并编写加工程序。

先加工六面体毛坯的第一个面（面 3），并以加工好的第一个面作为精加工基准面，设计基准面（面 1）的加工过程；通过对相邻面（面 2）、相对面（面 3）的铣削，掌握垂直面和平行面的铣削方法。铣出两端面（面 5、面 6），并保证其与已经铣好的四个平面（面 1 ~ 面 4）垂直，毛坯尺寸为 105mm×85mm×22mm。

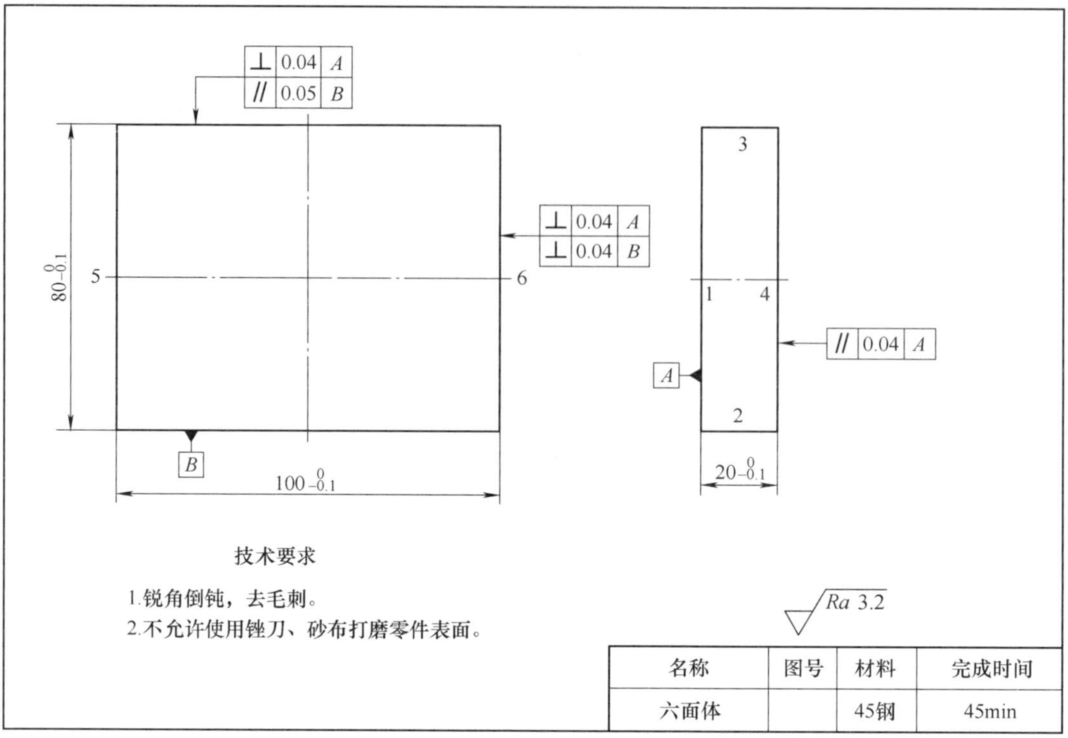

图 1-1 六面体铣削加工

【相关知识】

一、平面铣削加工工艺的内容与要求

平面铣削通常是把工件表面加工到某一指定高度尺寸并达到一定表面质量要求的加工。

分析平面铣削加工工艺的内容应考虑加工平面区域大小，加工平面相对于基准面的位置等因素；分析平面铣削加工工艺的要求应考虑加工平面的表面粗糙度要求，加工平面相对于基准面的定位尺寸、平行度、垂直度等要求。

正确分析平面铣削加工工艺的内容与要求是进行平面铣削工艺设计的前提。

二、平面铣削加工的方法

对平面进行铣削加工，包括使用立铣刀周铣平面和使用面铣刀端铣平面两种方式，如图 1-2 所示。使用面铣刀端铣平面有如下特点：

1）端铣出的平面，其平面度的好坏主要取决于铣床主轴轴线与进给方向的垂直度。面铣刀在铣削加工时，其轴线垂直于工件的加工表面。

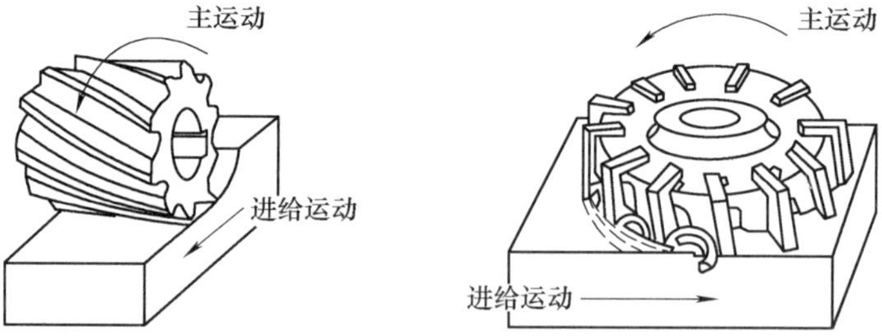

a) 立铣刀周铣平面　b) 面铣刀端铣平面

图 1-2 平面铣削加工的方法

2）面铣刀的装夹刚性较好，铣削加工时的振动较小。

3）端铣时，同时工作的刀齿数比周铣时多，工作较平稳。这是因为端铣时刀齿在铣削层的宽度范围内工作。

4）使用面铣刀进行铣削加工时，其刀齿的主、副切削刃同时工作，由主切削刃切去大部分余量，副切削刃则可起到修光作用。刀齿切削刃负荷的分配也较合理，铣刀使用寿命较长，且加工表面的表面粗糙度值也比较小。

5）面铣刀便于镶装硬质合金刀片进行高速铣削和阶梯铣削，生产率高。

周铣平面有如下特点：

1）使用立铣刀周铣平面时，其轴线平行于工件的加工表面，铣刀的圆柱素线的直线度对加工表面质量产生影响。

2）圆柱铣刀的刀杆较长、直径较小、刚性较差，容易产生弯曲变形和引起振动。

3）周铣时立铣刀的刀齿断续切削，刀齿依次切入和切离工件，易引起周期性的冲击振动。为了减小振动，可选用大螺旋角铣刀。

通常在铣削平面时，端铣的生产率和铣削质量都比周铣高，所以应尽量使用面铣刀端铣平面。一般大面积的平面铣削使用面铣刀，较小面积的平面铣削也可使用立铣刀端铣。

三、面铣刀的类型及选用

1. 面铣刀的类型

根据刀齿的安装方式，可将面铣刀分成以下四种类型：

1）整体焊接式面铣刀。这种结构的面铣刀是将刀齿直接镶焊在铣刀体上。

2）机夹焊接式面铣刀。这种结构的面铣刀是将刀片焊接在小刀头上，再将小刀头用机械夹固的方法安装在刀体上。

3）可转位面铣刀。这种结构的面铣刀是将经过仔细刃磨的硬质合金可转位刀片直接用机械夹固的方法安装在刀体上，如图 1-3 所示，广泛应用于平面的铣削加工。

4）镶齿套式面铣刀。这种面铣刀一般由刀体和高速工具钢刀片两部分组成。

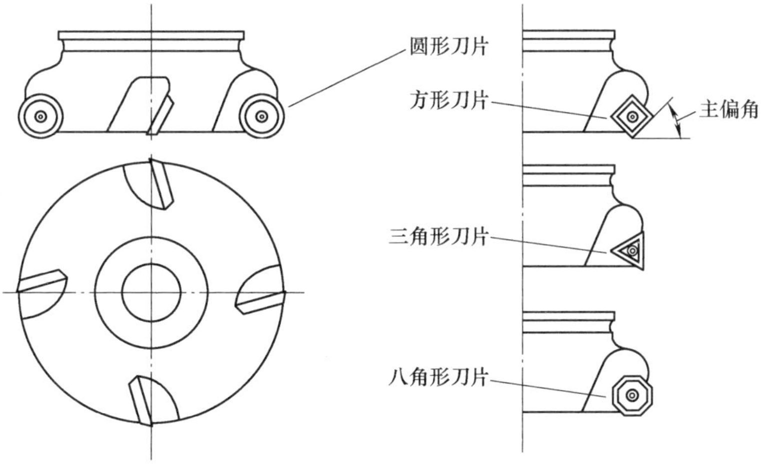

图 1-3　可转位面铣刀

2. 面铣刀的选用

（1）直径选用原则　在进行平面铣削加工时，面铣刀直径尺寸的选择是重点考虑问题之一。对于面积不太大的加工平面，宜选用直径比加工平面宽度大的面铣刀实现单次平面铣削加工，面铣刀最理想的直径尺寸应为加工平面宽度的1.3~1.6倍，可以保证切屑较好地形成和排出。

对于面积较大的加工平面，由于受到多种因素的限制，例如机床功率、刀具和可转位刀片几何尺寸、安装刚性、切削用量以及其他加工因素，当面铣刀的直径尺寸不可能比加工平面宽度更大时，宜选用直径大小适当的面铣刀分多次走刀铣削平面。特别是在进行平面的粗加工时，切削深度较大、加工余量不均匀，考虑到机床功率和工艺系统刚性，铣刀直径不宜过大。

对于面积较小的分散加工平面，可选用直径较小的立铣刀进行铣削加工。

（2）刀齿数的选用原则　面铣刀的刀齿数对铣削加工的生产率和加工质量有直接影响，刀齿数越多，同时参与切削的齿数越多，生产率也越高，铣削过程平稳，加工质量好。但刀齿多，容屑空间小，排屑不畅，因此，只有在精加工、加工余量小和切屑少的场合才选用刀齿数相对多的铣刀。

可转位面铣刀的刀齿数根据刀具直径不同可分为粗齿、细齿、密齿三种。粗齿铣刀主要用于粗加工；细齿铣刀用于平稳条件下的铣削加工；密齿铣刀的每齿进给量较小，主要用于材料为薄壁铸铁的工件的加工。

四、平面铣削加工工艺路线的设计

在平面铣削加工中，刀具相对于工件的位置选择得是否适当，将影响切削加工的状态和加工质量，现以图1-4所示内容为例，分析面铣刀相对于工件的位置对加工的影响。

（1）刀具中心轨迹与工件几何中心线重合　如图1-4a所示，在进行单次平面铣削加工时，当刀具中心轨迹与工件几何中心线重合时，容易引起刀具的振动，从而影响工件表面加工质量，因此，应该避免刀具中心轨迹处于工件几何中心位置。

（2）刀具中心轨迹与工件边缘线重合　如图1-4b所示，当刀具中心轨迹与工件边缘线重合时，镶装刀片在进入工件材料时，其受到的冲击力最大，会缩短刀具使用寿命，并影响工件加工质量，因此，应该避免刀具中心轨迹与工件边缘线重合。

（3）刀具中心轨迹在工件边缘外　如图1-4c所示，当刀具中心轨迹在工件边缘线外时，刀具刚切入工件时，刀片对于工件材料的冲击速度大，产生的碰撞力也较大，容易使刀具破损或产生缺口，因此，在拟定刀具中心轨迹时，应避免使刀具中心轨迹在工件边缘线外。

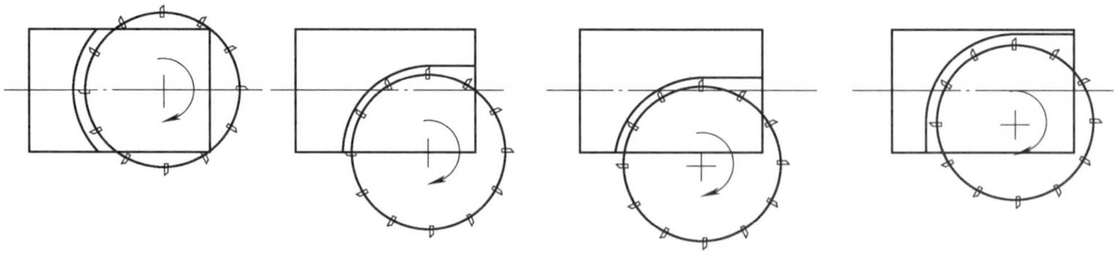

a) 对称铣削　b) 刀具中心在工件边缘　c) 刀具中心在工件之外　d) 刀具中心在中心线与边线间

图1-4　铣削加工中刀具相对于工件的位置

（4）刀具中心轨迹在工件边缘线与中心线之间　如图1-4d所示，当刀具中心轨迹处于工件内时，已切入工件材料的镶装刀片承受的切削力最大，而刚切入（撞入）工件的刀片受力较小，引起的碰撞力和振动较小，从而可延长镶装刀片的使用寿命。

由上述内容可知，在拟定平面铣削加工工艺路线时，应尽量让面铣刀的中心轨迹在工件内。需要注意的是，当工件表面只需进行一次切削加工时，应避免刀具中心轨迹与工件表面的几何中心线重合。

由图1-5所示的刀具中心轨迹在工件内的两种情况可知，图1-5a中的刀具铣削位置是合适的，图1-5b中的面铣刀的整个宽度全部参与铣削加工，刀具容易磨损。

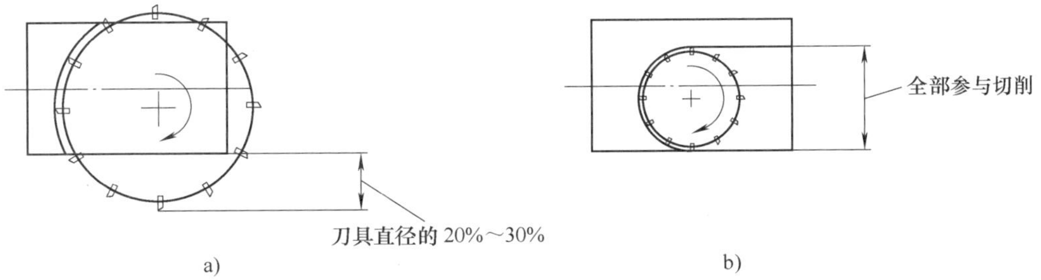

图1-5　刀具中心轨迹在工件内的两种情况

五、平面铣削用量的选用原则

铣削用量的选择是否合理，将直接影响铣削加工的质量。平面铣削加工方式分为粗铣、半精铣、精铣三种情况。粗铣时，铣削用量的选择侧重考虑刀具性能、工艺系统刚性、机床功率、加工效率等因素；精铣时侧重考虑工件表面加工质量的要求。

1. 平面粗铣时，铣削用量的选用原则

粗铣时，加工余量大，工件表面质量要求较低，铣削用量的选择主要考虑工艺系统刚性、刀具使用寿命、机床功率等因素。

首先确定Z方向的切削深度和切削宽度。铣削无硬皮的钢料，Z方向的切削深度一般为3~5mm，铣削铸钢或铸铁时，Z方向的切削深度一般为5~7mm。切削宽度可根据工件加工面的宽度尽量一次铣出。当切削宽度较小时，Z方向的切削深度可相应增大。

然后确定每齿进给量。选择较大的每齿进给量有利于提高粗铣效率。需要注意的是，当选择了较大的Z方向的切削深度和切削宽度后，需考虑工艺系统刚性是否能满足加工要求。

最后确定铣削速度。当Z方向的切削深度、切削宽度及每齿进给量较大时，受机床功率和刀具使用寿命的限制，一般选择较低的铣削速度。

2. 平面精铣时，铣削用量的选用原则

当工件的表面粗糙度值要求为Ra1.6~3.2μm时，平面一般采用粗、精铣两次加工。经过粗铣后，精铣时的加工余量应为0.5~2mm，考虑到工件表面质量的要求，应选择较小的每齿进给量。此时加工余量比较小，因此可尽量选较大的铣削速度。

当工件的表面粗糙度值要求为Ra0.4~0.8μm时，表面精铣时的切削深度应约为0.5mm。每齿进给量一般选较小值，使用高速钢铣刀进行铣削加工时，每齿进给量为0.02~0.05mm，使用硬质合金铣刀进行铣削加工时，每齿进给量为0.10~0.15mm。铣削速度在推荐范围内选最大值。例如当采用高速工具钢铣刀铣削一般中碳钢或灰铸铁件时，铣削速度在20~60m/min范围内选大值，当采用硬质合金铣刀铣削一般中碳钢成灰铸铁件时，铣削速度在90~200m/min范围内选大值。

铣平面后的精加工余量和硬质合金刀具的粗、精加工进给量的选用范围见表1-1、表1-2。

表1-1 铣平面后的精加工余量 （单位：mm）

粗铣平面后精加工余量		加工面宽度					
		≤100		>100~300		>300~1000	
		余量	公差	余量	公差	余量	公差
加工面长度	≤300	1.0	0.3	1.5	0.5	2.0	0.7
	>300~1000	1.5	0.5	2.0	0.7	2.5	1.0

表1-2 硬质合金刀具的粗、精加工进给量的选用范围

	钢件		铸铁和铜合金件	
粗加工每齿进给量 f_z/（mm/z）	YT15	YT5	YG6	YG8
	0.09~0.18	0.12~0.24	0.14~0.24	0.20~0.29
精加工进给量 f/(mm/r)	Ra3.2μm	Ra1.6μm	Ra0.8μm	Ra0.4μm
	0.5~1.0	0.4~0.6	0.2~0.3	0.15

六、基本编程指令

1. 绝对尺寸指令和增量尺寸指令

在数控加工程序中，绝对尺寸指令和增量尺寸指令有两种表达方法。

绝对尺寸指机床运动部件的坐标尺寸值相对于坐标原点给出，如图1-6所示。增量尺寸指机床运动部件的坐标尺寸值相对于前一位置给出，如图1-7所示。

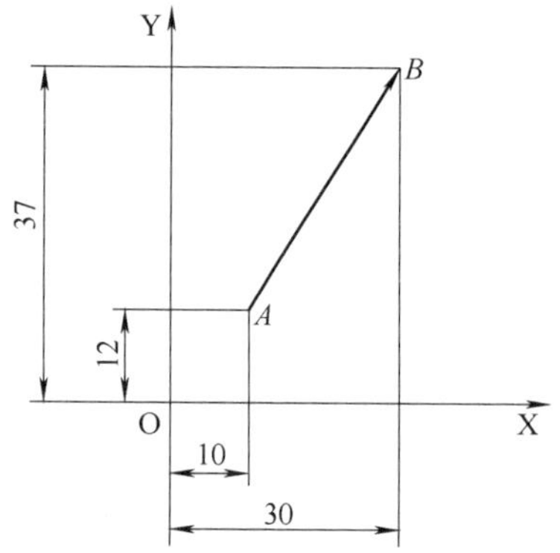

图1-6 绝对尺寸

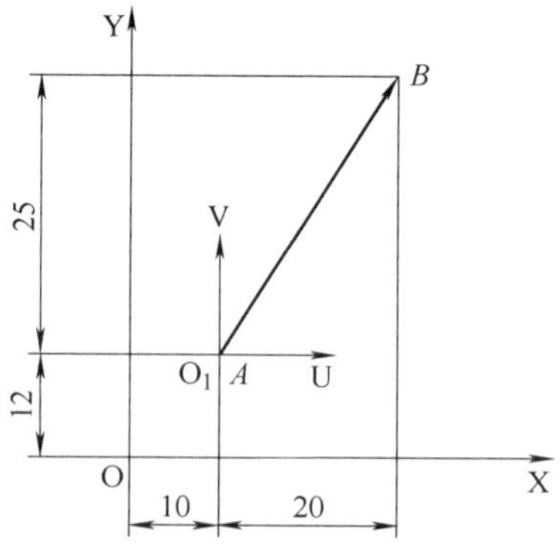

图1-7 增量尺寸

（1）G 功能字指令　G90 指令的尺寸值为绝对尺寸，即 G90 指令为绝对值编程；G91 指令的尺寸值为增量尺寸，即 G91 指令为增量值编程。

这种表达方式的特点是在同一个程序段中只能用一种指令，不能混用；在同一个坐标轴方向的尺寸字的地址符是相同的。

（2）用尺寸字的地址符指定　绝对尺寸的尺寸字的地址符用 X、Y、Z 表示；增量尺寸的尺寸字的地址符用 U、V、W 表示。

这种表达方式的特点是在同一个程序段中，绝对尺寸和增量尺寸可以混用，为编程提供了很大的方便。

2. 选择坐标系的指令

（1）选择工件坐标系的指令

1）G92 指令。

指令格式：G92 X~ Y~ Z~

G92 指令是将工件原点设定在相对于刀具起始点的某一空间点上。若程序段为 G92 Xa Yb Zc 则将工件原点设定在距刀具起始点距离为 X=-a、Y=-b、Z=-c 的位置上。

例如　程序段 G92 X20 Y10 Z10 其确立的工件原点在距离刀具起始点 X=-20、Y=-10、Z=-10 的位置上，如图 1-8 所示。

2）G54~G59 指令。

指令格式：

G54 G90 G00（G01）X~ Y~ Z~

G54~G59 为 11 组模态代码，用于选择工件坐标系，例如 G54 指令为工件坐标系一，G55 指令为工件坐标系二，以此类推，常用于机床对刀时选择工件坐标系。通过对刀，在系统内设定六个工件坐标系，编程时可根据需要任意选用。

（2）机床坐标系的指令

指令格式：G53 G90 X~ Y~ Z~

G53 指令使刀具快速定位到机床坐标系中的指定位置上，其中 X、Y、Z 为机床坐标系中的坐标值，其尺寸均为负值。

例如　程序段 G53 G90 X-100 Y-100 Z-20

执行此程序段后刀具在机床坐标系中的位置如图 1-9 所示。

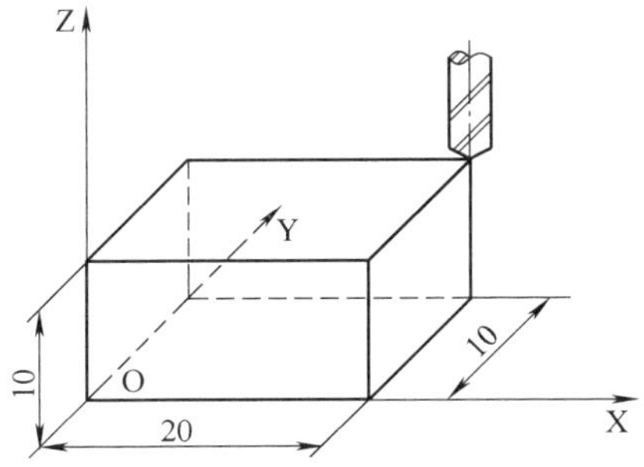

图 1-8　G92 指令建立工件坐标系

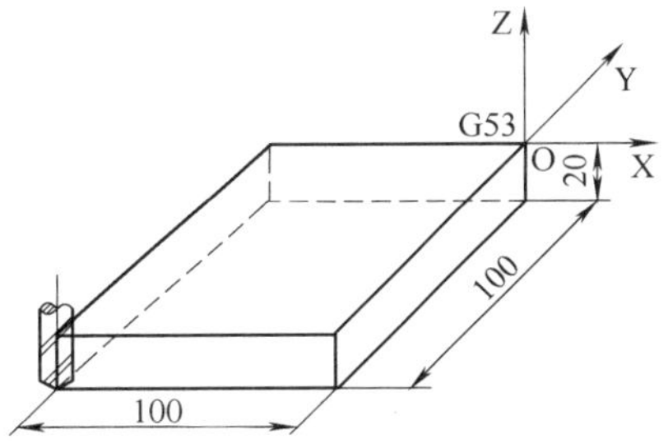

图 1-9　G53 指令建立机床坐标系

3. 选择坐标平面的指令

选择坐标平面的指令是指用来选择圆弧插补的平面和刀具补偿平面的指令。

G17 指令表示选择 XY 平面，G18 指令表示选择 ZX 平面，G19 指令表示选择 YZ 平面。各坐标平面如图 1-10 所示。一般情况下，数控车床默认在 ZX 平面内加工，数控铣床默认在 XY 平面内加工。

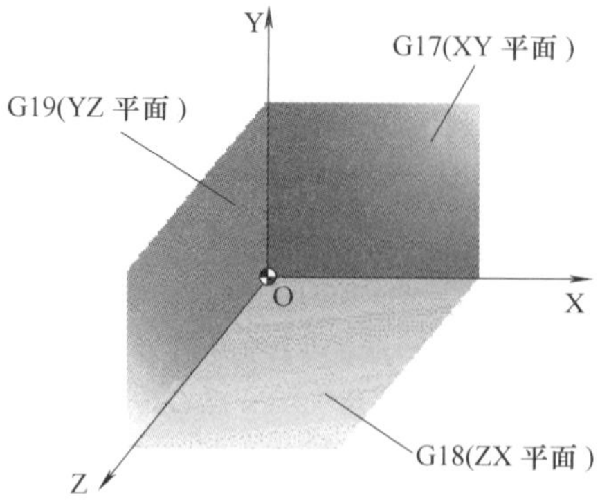

图 1-10　坐标平面的选择

4. 快速点定位指令 G00

指令格式：G00 X~ Y~ Z~

其中 X、Y、Z 是快速点定位的目标点的坐标值。

快速点定位指令控制刀具快速移动到目标点，其移动速度由参数来设定。指令开始执行后，刀具沿着各个坐标方向同时按参数设定的速度移动，最后减速到达目标点，如图 1-11a 所示。需要注意的是，刀具在各坐标方向上有可能不是同时到达目标点。刀具移动轨迹是几条线段的组合，不是一条直线。例如，在 FANUC 系统中，刀具总是先沿 45°线移动，最后再沿某一个轴单向移动至目标点，如图 1-11b 所示。编程人员应了解所使用的数控系统的刀具移动轨迹情况，以避免在加工中可能出现的碰撞。

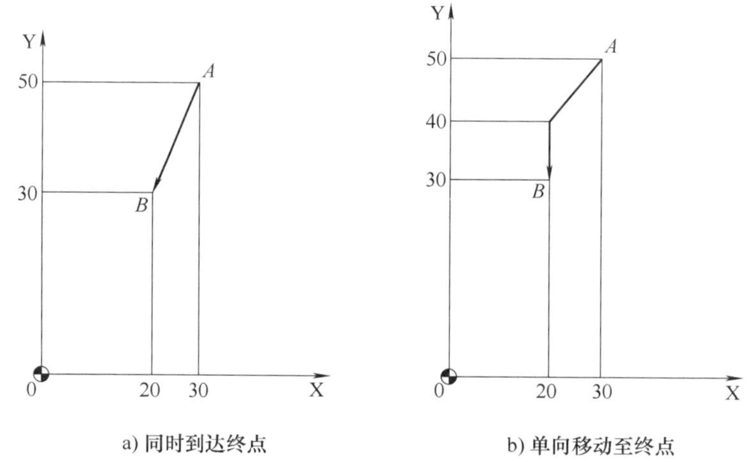

图 1-11　快速点定位

5. 直线插补指令 G01

指令格式：G01 X~ Y~ Z~ F~

其中 X、Y、Z 是直线插补的终点坐标值。

直线插补指令用于产生按指定进给速度 F 实现刀具直线插补到目标点的空间直线运动。

例如，实现图 1-12 中从点 A 到点 B 的直线插补运动，其程序段为

绝对值编程：G90 G01 X10 Y10 F100

增量值编程：G91 G01 X-10 Y-20 F100

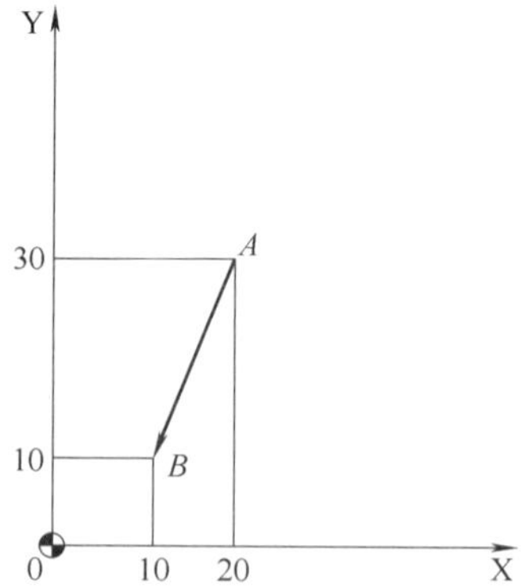

图 1-12　直线插补运动

【任务实施】

1. 识读零件图

读到的信息见表 1-3。

表 1-3 六面体铣削加工零件图信息

识读内容	获得的信息
零件名称	六面体
零件材料	45 钢
该图样采用的视图	主视图、左视图
零件形状	板类
零件图中的重要精度	平行度、垂直度
零件图中的重要尺寸	$100_{-0.1}^{0}$mm、$80_{-0.1}^{0}$mm、$20_{-0.1}^{0}$mm
表面粗糙度要求	$Ra3.2\mu m$

2. 选择刀具

根据零件图样可知，六面体上表面的宽度为 $80_{-0.1}^{0}$mm，可选用直径尺寸比零件表面宽度大的面铣刀单次铣削平面。在选择面铣刀时，铣刀的直径尺寸应为加工平面宽度的 1.3~1.6 倍，因此选用 ϕ120mm 的面铣刀（刀齿数为 8 个）铣削工件。

3. 确定切削的起点、终点及加工路线

选定刀具直径后，便可考虑切削起点和终点的位置。出于安全考虑，刀具需要在工件外有足够的安全间隙后方可快速定位至 Z 向加工深度。在加工六面体毛坯的第一个面（面 3），选择工件原点，在面 3 对称线的右端。本任务中的工件长度为 $100_{-0.1}^{0}$mm，刀具半径为 R60mm，选择安全间隙为 10mm，所以起刀点的 X 坐标为 X=60+10=70。当 Y=-10 时，刀具中心偏离工件中心，刀具超出工件边线 30mm（60mm+10mm-40mm），是刀具直径的 25%。当刀具超出工件的尺寸是刀具直径的 25%~33%时，可以得到适当的刀齿切入角，并基本保证顺铣方式。

4. 工件装夹方式

根据工件外形和大小，采用机用平口钳装夹，铣削平行面和两端面时垫等高垫块，工件伸出长度为 6~8mm，铣削垂直面时，将基准面 1 作为粗基准面紧贴固定钳口，并在工件与活动钳口之间位于活动钳口一侧的中心位置加一根圆棒，以保证基准面 1 与固定钳口贴合，具体装夹方式与加工步骤如图 1-13 所示。

确定粗基准面（面 1）后铣削第一个面（面 3）（图 1-13a），并以铣出的平面作为精基准面，加工面 1，保证设计基准面 1 的平面度和表面粗糙度（图 1-13b）。

铣削基准面 1 的相邻垂直面 2，保证与基准面 1 的垂直度要求及其与面 3 的平行度要求、尺寸要求（图 1-13c）。

铣削与面 1 相对的平行面 4，保证六面体工件上两个相对面 1 和 4 的平行度要求及对边尺寸要求（图 1-13d）。

铣削两端面 5、6，保证六面体工件的两个端面 5 和 6 与其相邻表面垂直及对边尺寸要求（图 1-13e、图 1-13f）。

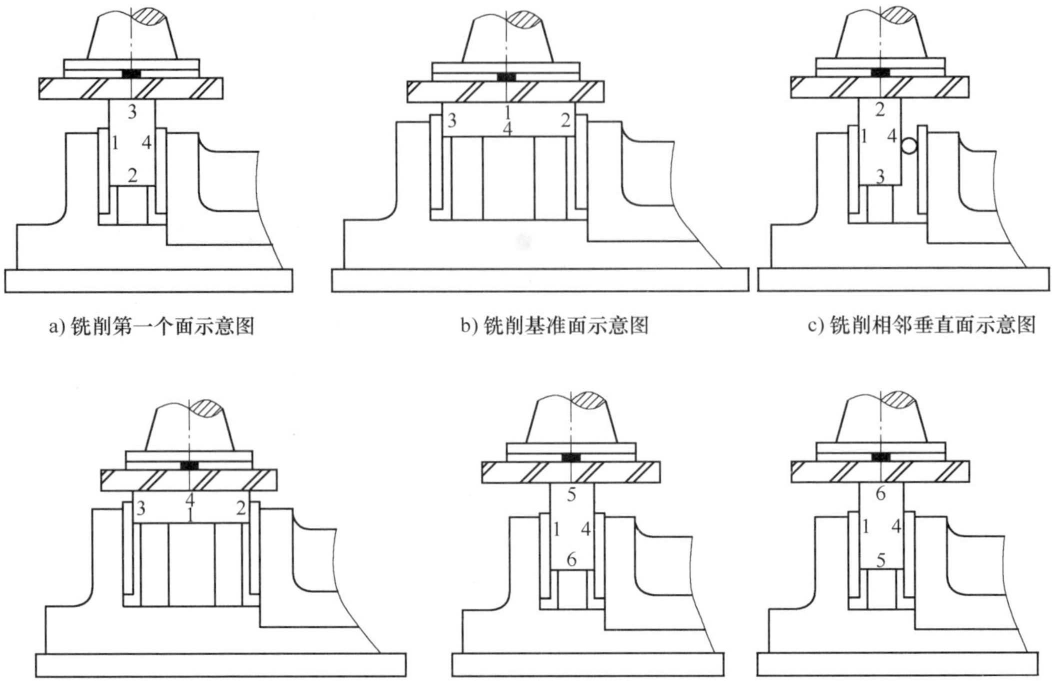

a) 铣削第一个面示意图　b) 铣削基准面示意图　c) 铣削相邻垂直面示意图

d) 铣削相对平行面示意图　e) 铣削两端面示意图　f) 铣削两端面示意图

图 1-13　六面体铣削加工装夹方式

5. 确定切削用量

具体内容见表 1-4。

表 1-4　铣削六面体切削用量

刀具	工作内容	进给速度 v_f/(mm/min)	主轴转速 n/(r/min)
面铣刀 T01	粗铣平行面，深度方向预留 1mm 精铣余量	50	200
面铣刀 T02	精铣平行面	60	300
面铣刀 T01	粗铣垂直面，深度方向预留 1mm 精铣余量	50	200
面铣刀 T02	精铣垂直面	60	300
面铣刀 T01	粗铣两端面，深度方向预留 1mm 精铣余量	50	200
面铣刀 T02	精铣两端面	60	300

6. 编写参考程序

铣削六面体的参考程序见表 1-5。

表 1-5　六面体的参考程序

程序内容	程序说明
O1101	主程序号
N10 G21 G90 G54	建立工件坐标系
	(平面粗铣)
N20 S200 M03	主轴正转，转速为 200r/min

（续）

程序内容	程序说明
N30 G00 X40 Y0	快速定位
N40 G43 Z20 H01	长度补偿
N50 G00 Z0.5 M08	快速定位，切削液开
N60 G01 X-140 F50	直线插补，进给速度为 50mm/min
N70 G00 Z20	快速定位
	（平面精铣）
N80 S300 M03	主轴正转，转速为 300r/min
N90 G00 X400 Y0	快速定位
N100 G00 Z0 M08	快速定位，切削液开
N110 G01 X-140 F60	直线插补，进给速度为 60mm/min
N120 G00 Z20	快速定位至工件上方 20mm 处
N130 M05 M09	主轴停转，切削液关
N140 G49 G28 Z20	取消长度补偿，回参考点
N150 M30	程序结束

【检测与评价】

根据任务完成情况填写评价表（表 1-6）。

表 1-6　六面体铣削编程与加工评价表

序号	考核项目	考核内容及要求	配分/分	评分标准	检测结果	得分
1	加工准备	装夹方案设计合理	4	每处不合理扣 1 分		
2		工具清单完整	4	每缺一项扣 2 分		
3		安装找正方法正确	4	每错一处扣 2 分		
4	尺寸精度	$100_{-0.1}^{0}$mm	8	超差不得分		
5		$80_{-0.1}^{0}$mm	8	超差不得分		
6		$20_{-0.1}^{0}$mm	8	超差不得分		
7	几何公差	1 面平面度	12	超差不得分		
8		各相邻面的垂直度	12	每面合格得 2 分		
9		各相对面的平行度	12	每面合格得 2 分		
10	表面粗糙度	$Ra3.2\mu m$	12	每面合格得 2 分		
11	文明生产	文明生产，符合安全生产规程	2	不符合要求酌情扣分		
12		加工工艺及操作方法正确	2	不符合要求酌情扣分		
13	工具、设备的使用与维护	正确、规范使用工具和量具，合理维护与保养工具和量具	3	不符合要求酌情扣分		
14		正确、规范使用设备，合理保养与维护设备	3	不符合要求酌情扣分		
15		操作姿势正确，动作规范	3	不符合要求酌情扣分		

（续）

序号	考核项目	考核内容及要求	配分/分	评分标准	检测结果	得分
16	完成时间		3	每超时 10min 扣 1 分；超时 30min 为不合格		
总配分			100	总得分		

【知识拓展】

一、粗加工基准面的选择原则

1）选择重要表面作为粗加工的基准面。为保证工件上重要表面的加工余量小而均匀，应选择该表面作为粗加工的基准面。所谓重要表面一般是指工件上加工精度以及表面质量要求较高的表面。

2）选择不加工表面作为粗加工的基准面。为了保证加工面与不加工面间的位置要求，一般应选择不加工面作为粗加工基准面。如果工件上有多个不加工面，则应选其中与加工面位置要求较高的不加工面作为粗加工基准面，以便保证精度要求，使外形对称等。

3）选择加工余量最小的表面作为粗加工基准面。在没有要求保证重要表面加工余量均匀的情况下，如果零件上每个表面都要加工，则应选择其中加工余量最小的表面作为粗加工基准面，以避免在加工该表面时因余量不足而留下部分毛坯面，造成工件报废。

4）选择较为平整光洁、加工面积较大的表面作为粗加工的基准面，以使工件定位可靠、夹紧方便。

二、精加工基准面的选择原则

1. 基准重合原则

为了较容易地获得加工表面对其设计基准的相对位置精度要求，应选择加工表面的设计基准为其定位基准。这一原则称为基准重合原则 。如果加工表面的设计基准与定位基准不重合，则会增大定位误差。

2. 基准统一原则

当工件以某一组精基准定位可以比较方便地加工其他表面时，应尽可能在多数工序中采用此组精基准定位，这就是基准统一原则。

采用基准统一原则可减少工装的设计制造费用，提高生产率，并可避免因基准转换而造成的误差。

3. 自为基准原则

当工件精加工或光整加工工序要求余量尽可能小而均匀时，应选择加工表面本身作为定位基准，这就是自为基准原则。

4. 互为基准原则

为了获得均匀的加工余量或较高的位置精度，可采用互为基准反复加工的原则。

三、行切法和环切法

1. 概念

在数控加工中，行切和环切是典型的两种走刀路线。

行切法是指刀具与零件轮廓的切点轨迹是一行一行平行的，而行间距是按刀具的直径来确定的。

环切法是利用已有精加工刀补程序，通过修改刀尖圆弧半径补偿值的方式，控制刀具从内向外或从外向内，一层一层去除工件余量，直至完成零件加工。

2. 特点

行切法的优点是稳定性好、编程效率高、程序代码量小，但刀具抬刀频繁，影响加工效率。

环切法具有刀具轨迹连续性好、抬刀次数少、空行程短、切削量大等特点，同时可保证工件加工表面平整和边界光滑。但环切法程序代码量大，运算效率低，甚至影响计算精度，且刀位点的计算较为复杂。

3. 应用范围

行切法在手工编程时多用于规则矩形平面、台阶面的加工，对于非矩形区域的行切一般用自动编程实现。

环切法主要用于轮廓的半精加工、精加工及粗加工，用于粗加工时，其效率比行切法低，但可使用刀尖圆弧半径补偿功能，实现只修改刀尖圆弧半径补偿值后就可以执行原来的程序，避免频繁生成新的数控程序。

4. 进给路线的确定

在实际加工中，进给路线对零件的加工精度和表面质量有直接的影响，因此，确定好进给路线是保证铣削加工精度和表面质量的重要工艺措施之一。

图 1-14a、b 所示为分别采用行切法和环切法加工内槽的进给路线。两种进给路线的共同点是都能铣削内腔中的全部加工余量，不留死角，不伤轮廓。

两种进给路线的不同点是行切法的进给路线比环切法短，但行切法将在每两次进给的起点与终点间留有加工余量，而达不到所要求的表面质量。采用环切法获得的表面质量要好于行切法，但环切法需要逐次向外扩展轮廓线，刀位点的计算稍为复杂。

综合行切法和环切法的优点，采用图 1-14c 所示的进给路线，即先采用行切法铣削中间部分的加工余量，然后采用环切法，这样既能缩短总的进给路线，又能获得较好的表面质量。

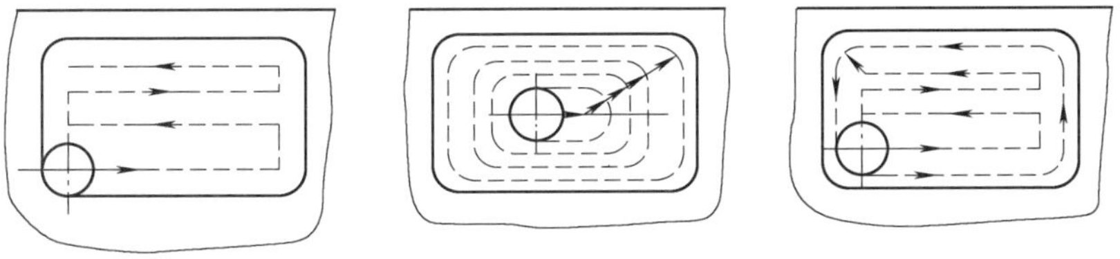

a) 行切法　　b) 环切法　　c) 行切法 + 环切法

图 1-14　加工中的三种进给路线

在确定进给路线时，主要应遵循以下原则：

1）保证产品质量，应将保证工件的加工精度和表面粗糙度要求放在首位。

2）在保证工件加工质量的前提下，应力求进给路线最短，并尽量减少空行程时间，提高加工效率。

3）在满足工件加工质量、生产效率等条件下，尽量减少数值计算工作量，以简化编程工作。

此外，在确定进给路线时，还要综合考虑工件、机床与刀具等因素，根据零件的具体结构特点，综合分析，灵活运用。

四、平行度误差

1. 平行度误差的概念特征及类型

（1）概念　平行度误差是一种定向误差，是被测要素相对于基准要素平行的理想要素的允许变动量。

（2）特征　平行度误差的特征是被测要素的理想要素的位置应与基准平行。

（3）误差值　误差值用与基准保持平行的定向最小区域的宽度或直径表示。

（4）类型　按线、面两种几何要素的平行关系，平行度误差有四种类型，即面对基准平面、面对基准直线、线对基准平面、线对基准直线。

2. 平行度误差的测量方法

（1）面与面的平行度误差　公差要求是被测平面相对于基准平面的平行度误差。基准平面用平板体现，如图1-15所示。测量时，双手推拉表架在平板上缓慢地前后滑动，用指示表（百分表或千分表）在被测平面内滑过，记下指示表读数的最大值和最小值，该变动量即为平行度误差。

（2）线与面的平行度误差　公差要求是被测孔的轴线相对于基准平面的平行度误差。需要用心轴模拟被测要素，将心轴装于孔内，形成稳定接触，基准平面用精密平板体现，如图1-16所示。测量时，双手推拉表架在平板上缓慢地前后滑动，用指示表（百分表或千分表）从心轴的素线上滑过，找到指示表指针转动的往复点（极限点）后，停止滑动，进行读数。被测孔的轴线相对于平板的平行度误差 f 可按孔长 L_1 和两个测量点间的距离 L_2 的正比例关系进行计算，即

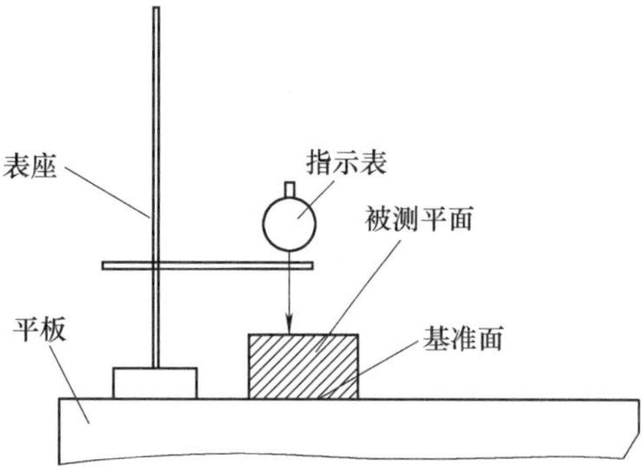

图1-15　面与面的平行度误差的测量

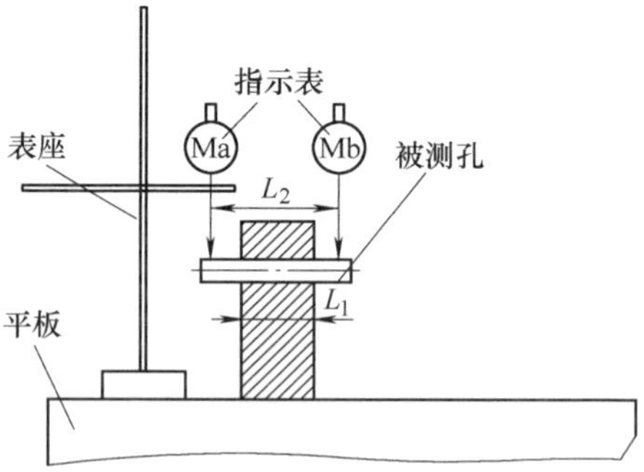

图1-16　线与面的平行度误差的测量

$$f=\frac{L_1}{L_2}\ |\ M_a-M_b\ |$$

式中　M_a、M_b——指示表在两个测量点的读数。

（3）线与线的平行度误差　公差要求是被测孔的轴线相对于基准孔的轴线的平行度误差。需要用心轴模拟被测要素和基准要素，将两根心轴装于基准孔和被测孔内，形成稳定接触，如图 1-17 所示。测量前，要先找正基准要素，使基准心轴上的素线与平板工作面平行。测量时，使用一对等高支承放置基准心轴，也可以用一个固定支承和一个可调支承放置基准心轴，双手推拉表架在平板上缓慢地前后滑动，当指示表在基准心轴素线的左右两端的读数相同时，就认为找正好了。在被测心轴上确定两个测量点 a、b，设两个测量点间的距离为 L_2，指示表在两个测量点的读数分别为 M_a、M_b，若被测孔的长度为 L_1，那么，被测孔相对于基准平面的平行度误差可按下式计算：

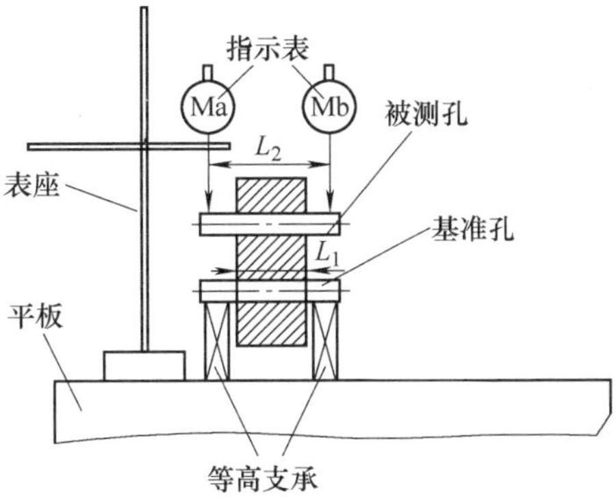

图 1-17　线与线的平行度误差的测量

$$f=\frac{L_1}{L_2}\ |\ M_a-M_b\ |$$

五、垂直度误差

1. 垂直度误差的概念特征及类型

（1）概念　垂直度误差是一种定向误差，是被测要素相对于基准要素垂直的理想要素的允许变动量。

（2）特征　垂直度误差的特征是被测要素的理想要素应与基准垂直。

（3）误差值　误差值用与基准保持垂直的定向最小区域的宽度或直径表示。

（4）类型　按线、面两种几何要素的垂直关系，垂直度误差有四种类型，即面对基准平面、面对基准直线、线对基准平面、线对基准直线。

2. 垂直度误差的测量方法

（1）面与面的垂直度误差　公差要求是被测平面相对于基准平面的垂直度误差。将基准平面用磁铁固定，并与平台平行支承。将百分表从被测平面的弯曲根部开始移动至整个被测平面，如图 1-18 所示。取百分表读数的最大值和最小值之差作为被测平面的垂直度误差。

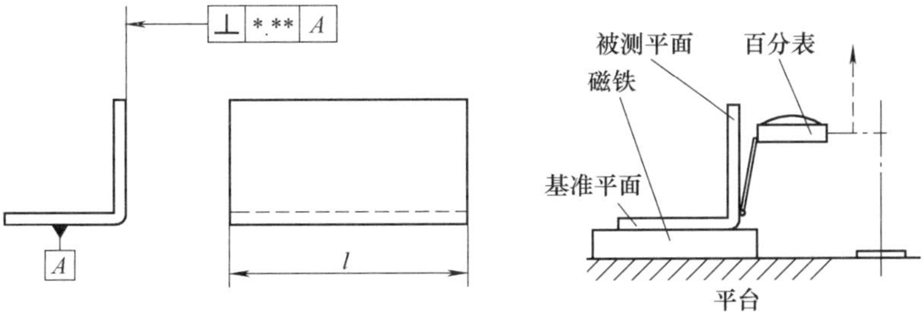

图 1-18　面与面的垂直度误差的测量

（2）线与面的垂直度误差　公差要求是被测轴线相对于基准平面的垂直度误差。在平台上，用磁铁固定并支承被测量物。使百分表与被测量物接触，在点 *B* 调零，确认到点 *C*。用百分表测量 *BC* 间的轴线。测定在 0°与 90°两处进行，如图 1-19 所示。

将读数的最大值与最小值之差用以下公式计算，所得值为垂直度误差，即

$$(E)=\sqrt{x^2+y^2}$$

式中　x——百分表在 0°测量的最大值与最小值之差；

　　　y——百分表在 90°测量的最大值与最小值之差。

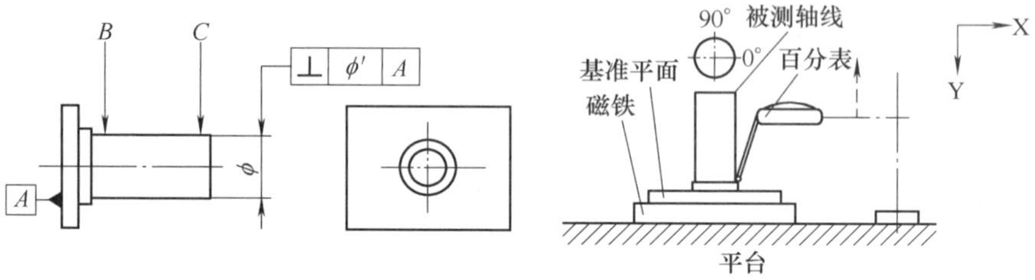

图 1-19　线与面的垂直度误差的测量

任务二　台阶面铣削编程与加工

学习目标

知识目标

- 掌握对称面的铣削加工要求。
- 了解基准的选择原则。

技能目标

- 能根据加工要求进行对称面的铣削加工。
- 能测量铣削平面的对称度误差。

【工作任务】

分析图 1-20 所示台阶面的零件图，通过所学的数控铣削加工编程知识，结合编程代码 G00、G01 等指令，确定台阶面的加工方法，并编写加工程序，毛坯尺寸为 100mm×80mm×25mm 。

【相关知识】

一、刀具补偿指令

1. 刀具半径补偿

在数控铣床上加工工件轮廓时，由于存在刀具半径，使得刀具中心轨迹与工件轮廓（即编程轨迹）不重合。如果数控系统不具备刀具半径补偿功能，则在编程时给出的是刀具的中心轨迹，轨迹的各基点坐标计算复杂，尤其是当刀具磨损、重磨或换新刀而使刀具半径

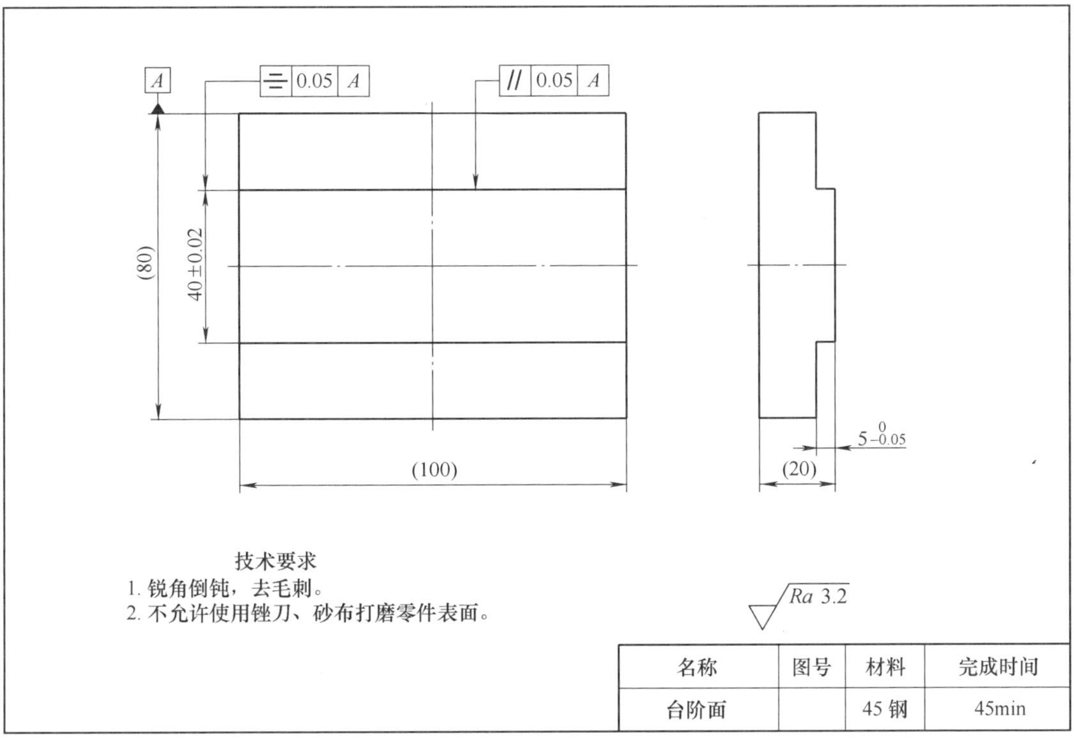

图 1-20　台阶面铣削加工

变化时，必须重新计算刀具中心轨迹，并修改程序。

当数控系统具备刀具半径补偿功能时，数控程序只需按工件轮廓编写，加工时数控系统会自动计算刀具中心轨迹，使刀具偏离工件轮廓一个刀尖圆弧半径值的距离，即进行刀具半径补偿。

数控系统的刀具半径补偿就是将计算刀具中心轨迹的过程交由数控系统执行，编程员假设刀具的半径值为零，直接根据零件的轮廓形状进行编程。因此，这种编程方法也称为对零件的编程，而实际的刀具半径则存放在一个可编程的刀具半径补偿寄存器中。在加工过程中，数控系统根据零件程序和刀具半径自动计算刀具中心轨迹，完成对零件的加工。当刀具半径发生变化时，不需要修改零件程序，只需修改放在刀具半径补偿寄存器中的刀具半径值或选用存放在另一个刀具半径补偿寄存器中的刀具半径所对应的刀具即可。

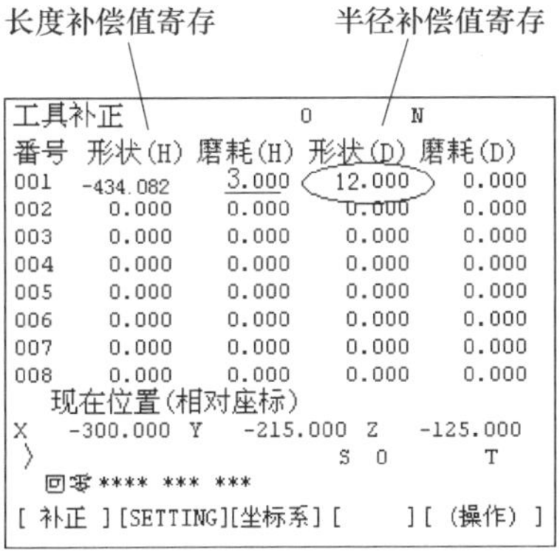

图 1-21　FANUC 系统刀具长度、半径补偿寄存器

现代数控系统一般都设置若干个可编程刀具半径补偿寄存器，并对其进行编号，专供刀具补偿之用，可将刀具补偿参数（刀具长度、刀具半径等）存入这些寄存器中。

FANUC 系统的刀具长度、半径补偿寄存器如图 1-21 所示。在进行数控加工前，必须预先把各种刀具的半径补偿值填写到寄存器中。地址符 D

是存放补偿值（刀具半径值）的寄存器地址。刀具补偿值由操作者在操作面板上输入数值到指定的寄存器中。刀具补偿值应设在 D01 开始的寄存器中，D00 通常表示补偿值为零。

在编写刀尖圆弧半径补偿程序时，只需写出所需刀具半径补偿值所对应的寄存器编号即可。例如，D01 调用寄存在编号为 1 的半径补偿寄存器内的半径补偿值。

实际加工时，数控系统将该编号对应的刀具半径补偿寄存器中存放的刀具半径值取出，对刀具中心轨迹进行补偿计算，生成实际的刀具中心运动轨迹。

对于刀具半径补偿量的确定，如果是标准刀具且为第一次使用，可以采用刀具厂家提供的有关参数来确定，如果是已使用过或重磨过的刀具，则应根据实测数据来确定。

2. 刀具半径补偿指令 G40、G41、G42

指令格式：

```
G17/G18/G19 G41/G42 G00/G01 X~ Y~ D~
G40 G00/G01 X~ Y~
```

其中，G41 指令为刀具半径左补偿指令，G42 指令为刀具半径右补偿指令。

当沿着刀具前进方向看，刀具中心在零件轮廓左边时为左补偿，刀具中心在零件轮廓右边时为右补偿，如图 1-22 所示。当不需要进行刀具半径补偿时，则用 G40 指令取消刀具半径补偿。

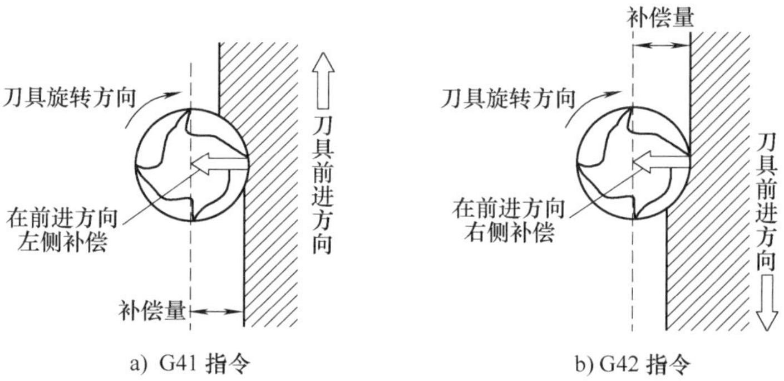

图 1-22　刀具半径左补偿指令 G41 和刀具半径右补偿指令 G42

G41 指令和 G42 指令均为模态指令，G40 指令为取消模态指令，G40 指令必须与 G41 指令或 G42 指令成对使用。刀具半径补偿应在规定的平面内进行，此平面称为补偿平面，使用平面选择指令 G17、G18 和 G19，可以分别选择 XY、XZ 和 YZ 平面作为补偿平面。在程序段中，G17 可以省略不写。

二、刀具半径补偿指令的建立、执行和撤销

在工件轮廓的铣削加工过程中，刀具半径补偿指令的执行过程一般分为刀具半径补偿指令的建立、刀具半径补偿指令的执行和刀具半径补偿指令的撤销三步。

1. 刀具半径补偿指令的建立

刀具半径补偿指令的建立就是刀具在起刀点处，以 G01 指令或 G00 指令的进给方式接近工件时，刀具中心轨迹从与编程轨迹重合，过渡到与编程轨迹偏离一个刀具半径值的过程。刀具半径补偿方向由 G41 指令（左补偿）或 G42 指令（右补偿）确定。

设直径为 ϕ24mm 立铣刀编号为 T01，刀具补偿号为 D01，在图 1-21 所示寄存器的 D01 中存放，补偿值为 12mm。

如图 1-23a 所示，当刀具 T01 下刀至切削深度，刀具从起点 S 快速定位至点 P 建立刀具半径补偿，程序段的终点是点 P，但经刀具补偿后到达的点是点 P_1，点 P_1 相对于工件轮廓

的延长线向左偏移了一个刀具半径。

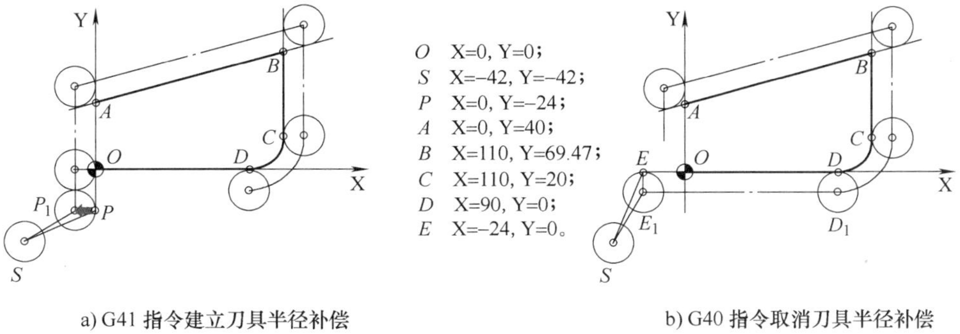

图 1-23　刀具半径补偿指令建立和取消

在加工程序 O1201（表 1-7）中，建立刀具半径补偿的程序段号为 N40。

表 1-7　参考程序

程序内容	程序说明
O1201	主程序号
N10 G92 X-50 Y-50 Z50	建立工件坐标系
N20 G90 G00 X-42 Y-42	快速定位到点 *S*
N30 Z-2 S300 M03	Z 轴下刀到 Z=-2，主轴正转，转速为 300r/min
N40 G41 G01 X0 Y-24 F200 D01	建立刀具半径补偿，进给速度为 200mm/min
N50 G01 Y40 F100	直线插补至点 *A*
N60 X110 Y69. 47	直线插补至点 *B*
N70 Y20	直线插补至点 *C*
N80 G02 X90 Y0 R20	顺圆插补至点 *D*
N90 G01 X-24	直线插补至点 *E*
N100 G00 G40 X-42 Y-42	取消刀具半径补偿
N110 Z50	快速抬刀至 Z=50 高度平面
N120 G28 M05	回参考点，主轴停转
N130 M30	程序结束，复位

2. 刀具半径补偿指令的执行

一旦建立了刀具半径补偿指令，则程序会一直维持该指令状态，除非撤销刀具半径补偿指令。在刀具半径补偿指令执行期间，刀具中心轨迹始终偏离工件轮廓一个刀具半径值的距离。

在表 1-7 所示的加工程序 O1201 中，在刀具半径补偿指令状态下进行切削加工的程序段号为 N50、N60、N70、N80、N90。

3. 刀具半径补偿指令的撤销

在零件最后一段刀具半径补偿轨迹加工完成后，刀具撤离工件，回到退刀点，在这个过程中应取消刀具半径补偿指令。

如图 1-23b 所示，刀具从点 E 取消刀具半径补偿指令，程序段的起点是点 E，但取消刀具半径补偿指令前的实际刀具中心起点却是点 E_1，取消刀具半径补偿程序段执行后，刀具中心轨迹是从点 E_1 到达点 S。

在加工程序 O1201 中，取消刀具半径补偿的程序段号为 N100。

三、刀具半径补偿指令的应用

刀具因磨损、重磨、换新而引起刀具直径改变后，不必修改程序，只需在刀具参数设置中输入变化后的刀具直径。如图 1-24 所示，1 为未磨损的刀具，2 为磨损后的刀具，两者直径不同，只需将刀具参数表中的刀具半径 r_1 改为 r_2，即可适用同一程序。

采用同一程序、同一尺寸的刀具，利用刀具半径补偿指令，可对零件进行粗、精加工。如图 1-25 所示，刀具半径为 r，精加工余量为 Δ。粗加工时，输入刀具半径补偿值 $D=r+\Delta$，则形成的工件轮廓（图 1-25 中的虚线轮廓）的加工尺寸要比实际轮廓每边都增大 Δ。精加工时，采用同一程序、同一刀具，但输入刀具半径补偿值 $D=r$，则加工出的是实际轮廓（图 1-25 中的实线轮廓）。

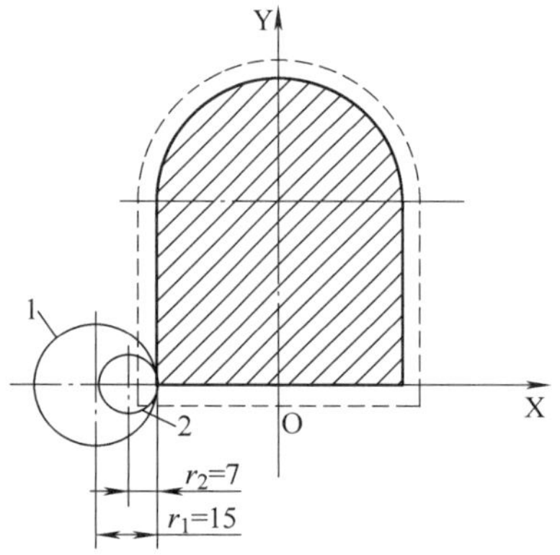

图 1-24　直径改变，程序不变

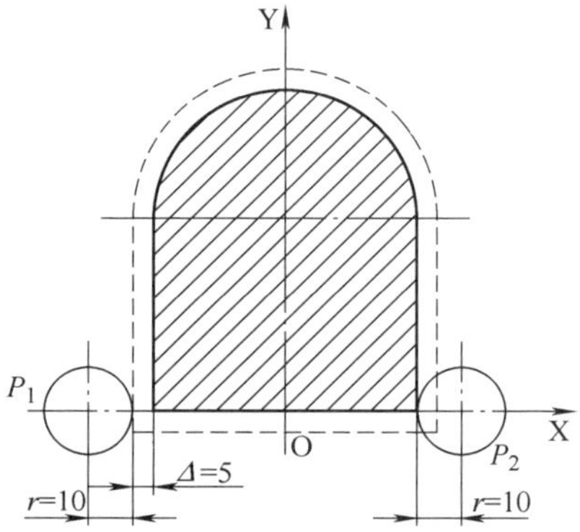

图 1-25　刀具半径补偿改变，程序不变

【任务实施】

1. 识读零件图

读到的信息见表 1-8。

表 1-8　台阶面铣削加工零件图信息

识读内容	获得的信息
零件名称	台阶面
零件材料	45 钢
该图样采用的视图	主视图、左视图
零件形状	板类
零件图中的重要尺寸	40±0.02mm，$5_{-0.05}^{0}$mm
零件图中的重要精度	平行度、对称度
表面粗糙度要求	$Ra3.2\mu m$

2. 选择刀具

立铣刀的圆周表面和端面上都有切削刃，圆周切削刃为主切削刃，主要用来铣削台阶面。一般选用立铣刀铣削台阶面可获得较好的加工质量。根据图样要求，选取直径为 ϕ20mm 的高速工具钢三刃立铣刀。

3. 确定切削的起点、终点及加工路线

选定刀具直径后，便可考虑起点和终点位置了。出于安全考虑，刀具需要在工件外有足够的安全间隙后方可快速定位至 Z 方向加工深度，故确定刀具沿 X（水平）方向从右到左切削。

4. 工件装夹方式

根据工件外形和大小，采用机用平口钳装夹，下面垫等高垫块，工件伸出长度为 6~8mm。

5. 确定切削用量

具体内容见表 1-9。

表 1-9　铣削台阶面切削用量

刀具	工作内容	进给速度 v_f/(mm/min)	主轴转速 n/(r/min)
高速工具钢立铣刀 T01	粗铣台阶面，深度方向留 1mm 精铣余量	100	500
高速工具钢立铣刀 T02	精铣台阶面	150	600

6. 编写参考程序

铣削台阶面的参考程序见表 1-10。

表 1-10　铣削台阶面的参考程序

程序内容	程序说明
O1202	加工主程序号
N10 G54 G90 G17	工件坐标系设定
N20 M03 S500	主轴正转，转速为 500r/min（粗加工）
N30 G00 Z100	快速定位至工件上方
N40 G00 X70 Y-40	快速定位
N50 G01 Z-4 F100	直线插补，进给速度为 100mm/min
N60 G41 G01 D01 Y-20	建立刀具半径补偿
N70 G01 X-70	直线插补
N80 G01 Y20	直线插补
N90 G01 X70	直线插补
N100 G01 Y-20	直线插补
N110 G40 G01 Y-40	取消刀具半径补偿
N120 G00 Z100	（退刀至工件上方）
N130 M05	主轴停转
N140 M00	程序暂停，手动换刀
N150 M03 S600	主轴正转，转速为 600r/min（精加工）
N160 G00 Z100	快速定位至工件上方
N170 G00 X70 Y-40	快速定位
N180 G01 Z-4 F150	直线插补

（续）

程序内容	程序说明
N190 G41 G01 D01 Y-20	建立刀具半径补偿
N200 G01 X-70	直线插补
N210 G01 Y20	直线插补
N220 G01 X70	直线插补
N230 G01 Y-20	直线插补
N240 G40 G01 Y-40	取消刀具半径补偿
N250 G00 Z100	（退刀至工件上方）
N260 M30	主轴停转，程序结束

【检测与评价】

根据任务完成情况填写评价表（表 1-11）。

表 1-11　台阶面铣削的评价表

序号	考核项目	考核内容及要求	配分/分	评分标准	检测结果	得分
1	加工准备	装夹方案设计合理	8	每处不合理扣 1 分		
2		工具清单完整	8	每缺一项扣 2 分		
3		安装找正方法正确	10	每错一处扣 2 分		
4	尺寸精度	40±0. 02mm	12	超差不得分		
5		$5_{-0.05}^{\ 0}$mm	12	超差不得分		
6	几何公差	⌯ 0.05 A	12	超差不得分		
7		// 0.05 A	12	超差不得分		
8	文明生产	文明生产，符合安全生产规程	5	不符合要求酌情扣分		
9		加工工艺及操作方法正确	5	不符合要求酌情扣分		
10	工具、设备的使用与维护	正确、规范使用工具和量具，合理维护与保养工具和量具	5	不符合要求酌情扣分		
11		正确、规范使用设备，合理保养与维护设备	4	不符合要求酌情扣分		
12		操作姿势正确，动作规范	4	不符合要求酌情扣分		
13	完成时间		3	每超时 10min 扣 1 分，超时 30min 为不合格		
总配分			100	总得分		

【知识拓展】

一、立式铣床中的顺铣、逆铣及其对切削加工的影响

1. 顺铣与逆铣

切削工件轮廓时，铣刀刀齿在工件切入处的切削速度方向与工件进给速度方向相同，这

种切削方式称为顺铣，如图 1-26a 所示；切削工件轮廓时，铣刀刀齿在工件切入处的切削速度方向与工件进给速度方向相反，这种切削方式称为逆铣，如图 1-26b 所示。

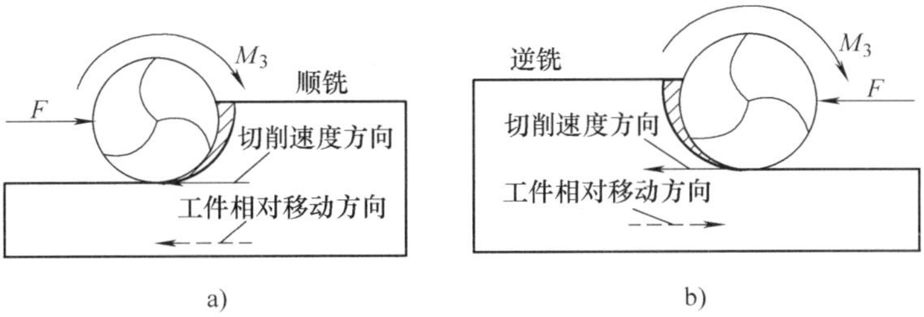

图 1-26　顺铣与逆铣

2. 顺铣、逆铣对切削加工的影响

安装在立式数控铣床（加工中心）主轴上的立铣刀，相当于悬臂梁结构，在切削加工时刀具会产生弹性弯曲变形。当使用立铣刀顺铣时，在切削时会产生让刀现象，即出现“欠切”（图 1-27a）；采用立铣刀逆铣时，在切削时会产生啃刀现象，即出现“过切”（图 1-27b）。这种现象在刀具直径越小、刀杆伸出长度越长时越明显，所以在选择刀具时，从提高生产率、减小刀具弹性弯曲变形等方面考虑，应选择直径大的刀具，并且在装刀时尽量使刀杆伸出长度短些。

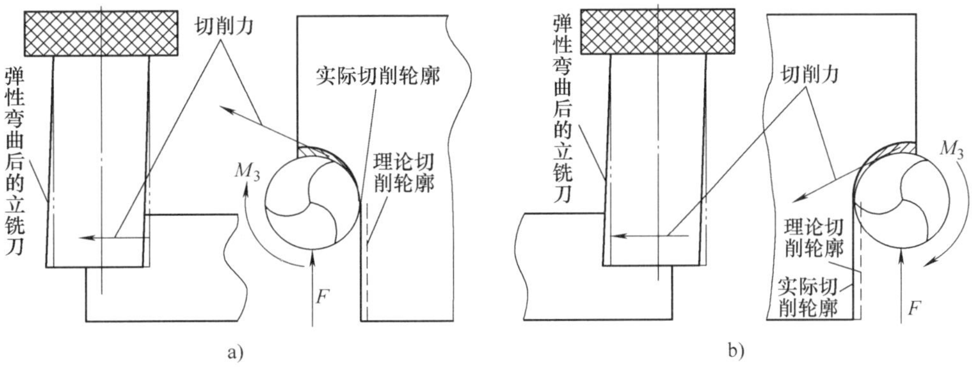

图 1-27　顺铣、逆铣对切削加工的影响

在编程时，如果粗加工采用顺铣，则可以不留精加工余量（余量在切削时由让刀让出）；如果粗加工采用逆铣，则必须留精加工余量，预防由于“过切”引起工件的报废。因此，为编程及设置参数的方便，我们在后面的编程中对于粗加工一律采用顺铣；对于半精加工或精加工，由于加工余量较小，切削力使刀具产生的弹性弯曲变形很小，所以既可以采用顺铣，也可以采用逆铣。

二、铣削加工顺序

（1）先粗后精　铣削加工按照粗加工→半精加工→精加工的顺序进行，以达到图样要求。粗加工应以最高的效率切除表面的大部分余量，为半精加工提供定位基准和均匀适当的加工余量。半精加工为主要表面的精加工做好准备，即使主要表面达到一定的精度、表面粗糙度和加工余量要求；对于次要表面，半精加工使其达到规定的技术要求。精加工使各表面达到规定的图样要求。

（2）先面后孔　平面的铣削加工简单方便，平面轮廓大而平整，根据工件定位的基本原理，以平面定位比较稳定可靠。以加工好的平面作为精加工基准加工孔，不仅可以保证孔的加工余量较为均匀，而且为孔的加工提供了稳定可靠的精加工基准。先加工平面，切除了工件表面缺陷，可减少因毛坯表面凹凸不平而使钻孔时钻头引偏和防止扩孔和铰孔时发生刀具崩刃的现象；同时，在加工中便于对刀和调整。

（3）先主后次　主要表面先安排加工，一些次要表面因加工面积较小，和主要表面有相对位置要求，可穿插在主要表面加工工序之间进行，但要安排在主要表面最后精加工之前，以免影响主要表面的加工质量。

三、不同铣刀的铣削方式

1. 采用圆柱铣刀铣削时的铣削方式

（1）顺铣铣削　铣刀刀齿切入工件时的切削厚度最大，然后逐渐减小到零（在切削分力的作用下有让刀现象），对表面没有硬皮的工件易于切入，刀齿磨损小，提高了刀具的使用寿命，工件表面质量也有所提高。因为顺铣时，铣刀刀齿在切入时承受最大的载荷，若工件有硬皮，刀齿会受到很大的冲击和磨损，使刀具的使用寿命降低，所以顺铣法不宜加工有硬皮的工件。

（2）逆铣铣削　铣刀刀齿切入工件时的切削厚度从零逐渐增加最大（在切削分力的作用下有啃刀现象），刀齿承受的载荷逐渐增大。在开始切削时，刀齿在工件表面上打滑，并对工件表面进行挤压和摩擦，引起刀具的径向振动，使加工表面产生波纹，加速了刀具的磨损，降低工件表面质量。因此，一般钢件材料在粗加工时采用逆铣。

2. 采用面铣刀铣削时的铣削方式

（1）对称铣削　铣削时，铣刀中心位于工件铣削宽度中心的铣削方式，称为对称铣削，如图 1-28a 所示。对称铣削适用于加工短而宽或厚的工件，不宜加工狭长或较薄的工件。

（2）不对称铣削　铣削时，铣刀中心偏离工件铣削宽度中心的铣削方式称为不对称铣削。不对称铣削时，按铣刀偏向工件的位置，其在工件上可分为进刀部分与出刀部分。图 1-28b 所示的铣刀的 *AB* 部分为进刀部分，*BC* 部分为出刀部分。按顺铣与逆铣的定义，显然进刀部分为逆铣，出刀部分为顺铣。使用面铣刀进行不对称端铣，当进刀部分大于出刀部分时，称为逆铣；反之称为顺铣（图 1-28c），不对称端铣通常采用逆铣方式。

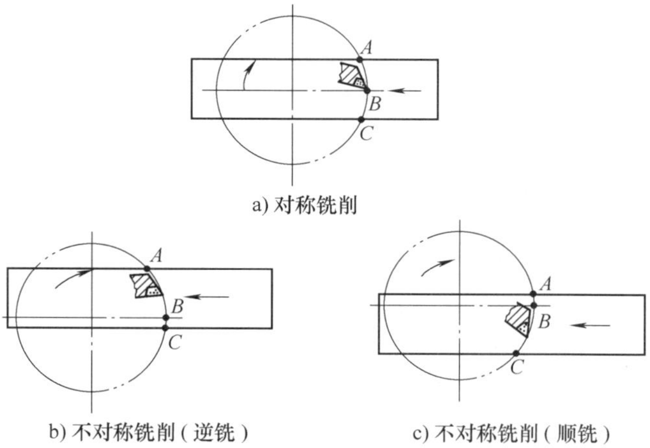

图 1-28　端铣铣削方式

任务三　凸台铣削编程与加工

学习目标

知识目标

- ➢ 掌握凸台铣削加工工艺的内容与要求。
- ➢ 掌握凸台铣削加工编程指令的应用。

技能目标

- ➢ 掌握凸台铣削加工编程方法。
- ➢ 会编写凸台铣削加工程序。

【工作任务】

分析图 1-29 所示凸台的零件图，通过所学的数控铣削加工编程知识，利用极坐标指令 G15、G16 等，确定凸台加工方法，并编写加工程序，毛坯尺寸为 ϕ80mm×40mm 。

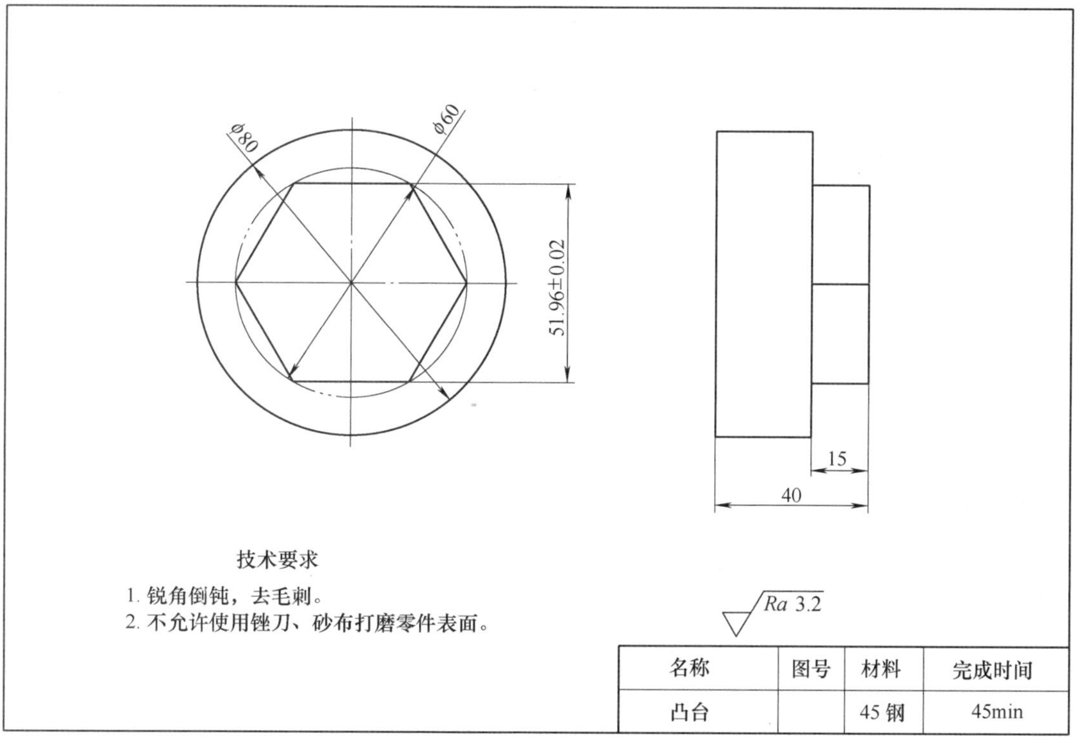

图 1-29　凸台铣削加工

【相关知识】

一、立铣刀

立铣刀是在数控机床上使用较多的一种铣刀，主要用于加工凸轮、台阶面、凹槽和箱口面。

1. 普通高速工具钢立铣刀

图 1-30 所示为普通高速工具钢立铣刀，其圆柱面上的切削刃是主切削刃，端面上分布着副切削刃，主切削刃一般为螺旋齿，可增加切削的平稳性，提高加工精度。标准立铣刀的螺旋角 β 为 40°~45°（粗齿）和 30°~35°（细齿），套式结构立铣刀的螺旋角 β 为 15°~25°。

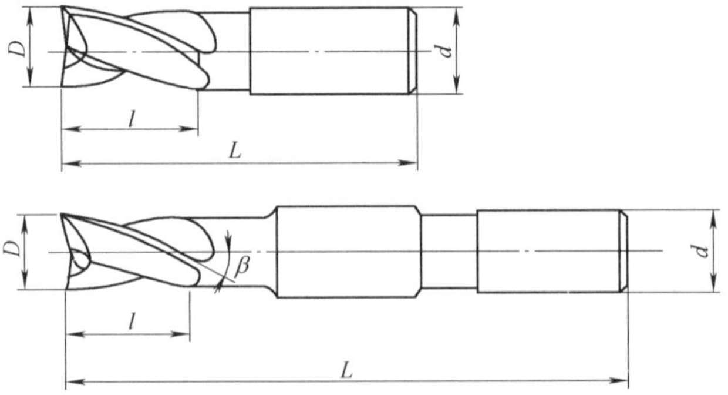

图 1-30 普通高速工具钢立铣刀

由于普通高速钢立铣刀的端面中心处无切削刃，所以立铣刀工作时不能做轴向进给，端刃主要用来加工与侧面垂直的底平面。

直径较小的立铣刀，一般制成带柄形式。直径为 ϕ2~ϕ71mm 的立铣刀为直柄；直径为 ϕ6~ϕ63mm 的立铣刀为莫氏锥柄；直径为 ϕ25~ϕ80mm 的立铣刀为带有螺孔的 7：24 锥柄，螺孔用来拉紧刀具。直径大于 ϕ160mm 的立铣刀可做成套式结构。

2. 硬质合金螺旋齿立铣刀

为提高生产率，除采用普通高速工具钢立铣刀外，数控铣床和加工中心普遍采用硬质合金螺旋齿立铣刀，如图 1-31 所示。这种刀具采用焊接、机夹或可转位形式将带有螺旋齿的硬质合金刀片装在具有螺旋槽的刀体上，具有良好的刚性及排屑性能，可适合粗、精铣削加工，生产率可比同类型普通高速工具钢立铣刀提高 2~5 倍。

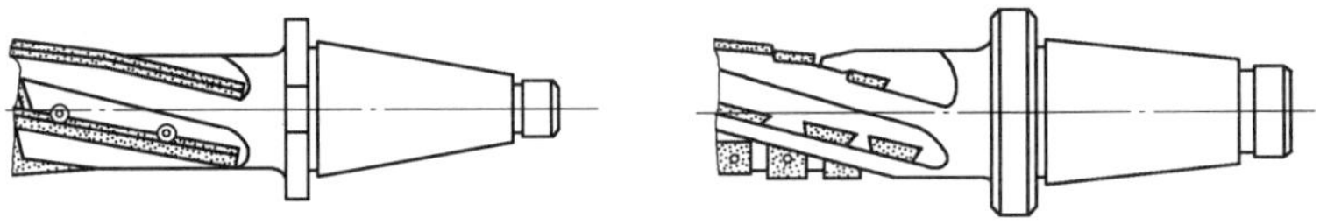
a) 每齿单条刀片　　b) 每齿多个刀片

图 1-31 硬质合金螺旋齿立铣刀

图 1-31a 所示为在每个齿槽上装单条刀片的硬质合金螺旋齿立铣刀。

图 1-31b 所示硬质合金立铣刀，常称“玉米立铣刀”，是在一个刀槽中装有两个或更多的硬质合金刀片，并使相邻刀齿间的接缝相互错开，利用同一个刀槽中刀片之间的接缝作为分屑槽，通常在粗加工时选用。

3. 波形刃立铣刀

数控铣床和加工中心加工常选用波形刃立铣刀进行加工余量较大的工件的粗加工，能显著提高铣削效率。

波形刃立铣刀与普通立铣刀的最大区别是其切削刃为波形，如图 1-32 所示。波形刃能将狭长的薄切屑变为短而厚的碎块切屑，使排屑顺畅，有利于自动加工的连续进行。由于波形刃与被加工工件表面的接触长度较短，刀具不易产生振动，故与普通铣刀相比，波形刃立铣刀的切削刃长度增加，有利于散热，并有利于切削液的渗入。

二、立铣刀刀齿的选用

根据立铣刀刀齿数目的不同，可将其分为粗齿（刀齿数为 3、4、6、8）、中齿（刀齿数为 4、6、8、10）和细齿（刀齿数为 5、6、8、10、12）立铣刀。粗齿立铣刀刀齿数目少、强度高、容屑空间大，适用于粗加工；细齿立铣刀的刀齿数多、工作平稳，适用于精加工。中齿立铣刀介于粗齿立铣刀和细齿立铣刀之间。

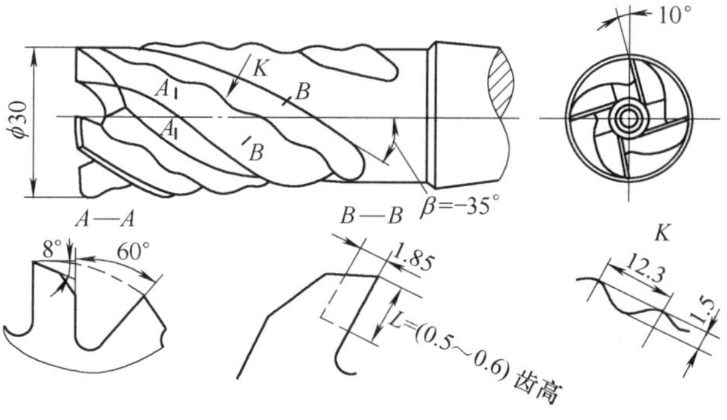

图 1-32　波形刃立铣刀

被加工工件的材料和性质往往影响铣刀刀齿数量的选择。

1）加工塑性较大的材料，例如铝、镁等，为避免产生积屑瘤，常选用刀齿数较少的立铣刀，刀齿越少，螺旋槽之间的容屑空间越大。

2）加工较硬的脆性材料，为避免刀具产生振动，应选用刀齿数较多的立铣刀，刀齿越多，切削越平稳。

小直径或中等直径的立铣刀，通常有两刀齿立铣刀、三刀齿立铣刀和四刀齿立铣刀，三刀齿立铣刀兼有两刀齿立铣刀与四刀齿立铣刀的优点，加工性能好，但在精加工中不常选用三刀齿立铣刀，因为很难精确测量其直径尺寸。

三、极坐标指令 G16

极坐标指令用于以极坐标的方法表示某一平面内的点的坐标位置。

指令格式：

G90/G91　G17　G16　X～ Y～

G90/G91　G18　G16　X～ Z～

G90/G91　G19　G16　Y～ Z～

指令说明：

1）G16 指令是启动极坐标指令；G15 指令是取消极坐标指令。

2）点的位置用极坐标表示，以相对某基准点的极坐标半径和极坐标角度来确定。

3）点所在的平面由 G17、G18、G19 指令指定；极坐标的半径值地址符是平面的第一坐标轴地址符；极坐标的角度地址符是平面的第二坐标轴地址符。例如 G17 指令的 X、Y 平面，X 作为半径值地址符；Y 作为极坐标角度地址符。逆时针方向为角度方向的正方向。

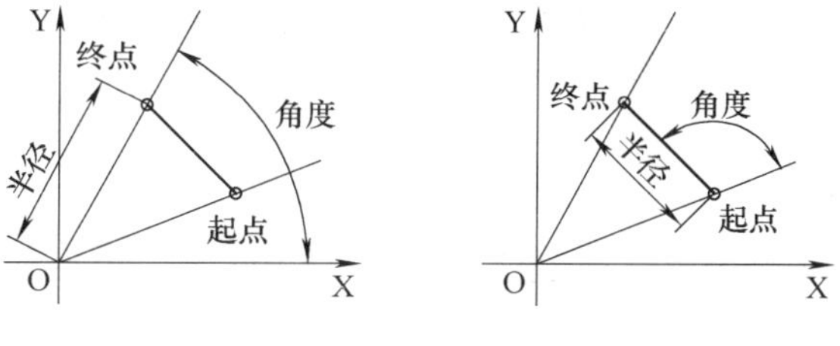

a) 工件零点为极坐标原点　　b) 线段起点为极坐标系基准点

图 1-33　极坐标编程

4）使用 G90 指令编程为绝对值编程方式，极坐标系的原点是工件坐标系的零点。极坐标半径值是终点到编程原点之间的距离，角度值是终点与编程原点的连线与 X 轴的夹角，如图 1-33a

所示。

5）使用 G91 指令编程为增量值的编程方式，极坐标系的原点是当前进给线段的起点。极坐标半径值是终点到起点之间的距离，角度值是当前起、终点连线与起点、编程原点连线间的夹角，如图 1-33b 所示。

【任务实施】

1. 识读零件图

读到的信息见表 1-12。

表 1-12　凸台铣削加工零件图信息

识读内容	获得的信息
零件名称	凸台
零件材料	45 钢
该图样采用的视图	主视图、左视图
零件形状	盘类
零件图中的重要尺寸	ϕ60mm、15mm、51.96±0.02mm
表面粗糙度要求	Ra3.2μm

2. 选择刀具

依据图样要求，选择直径为 ϕ30mm 的立铣刀。

3. 确定切削的起点、终点及加工路线

如图 1-34 所示，选择工件上表面圆孔中心为工件坐标系的原点，求得轮廓各基点坐标为点 A（−15，−25.98），点 B（−30，0），点 C（−15，25.98），点 D（15，25.98），点 E（30，0），点 F（15，−25.98）。

刀具的起始点选择在“X55，Y-55”，与工件有足够的安全间隙，SP 运动建立补偿，AF 延长线的点 P 切入轮廓，EF 延长线的点 Q 切出轮廓，QS 运动取消补偿。

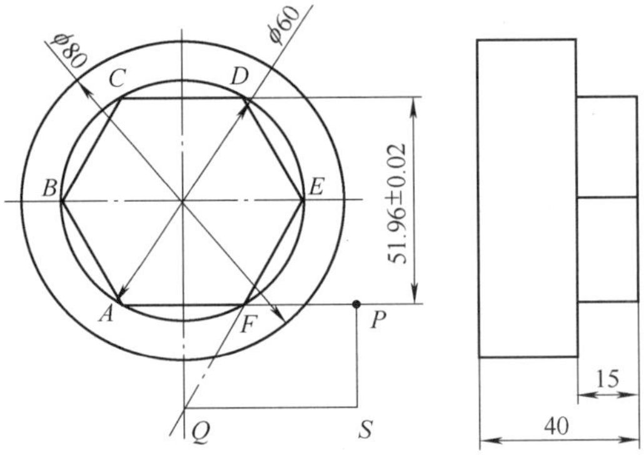

图 1-34　凸台各基点坐标

4. 工件装夹方式

根据工件外形和大小，采用自定心卡盘装夹固定，工件下面垫等高垫块，工件伸出长度为 6~8mm。

5. 确定切削用量

具体内容见表 1-13。

表 1-13　铣削凸台切削用量

刀具	工作内容	进给速度 v_f/(mm/min)	主轴转速 n/(r/min)
高速工具钢立铣刀 T01	粗铣轮廓	100	300
高速工具钢立铣刀 T02	精铣轮廓	100	500

6. 编写参考程序

凸台铣削加工参考程序见表 1-14。

表 1-14　凸台铣削加工参考程序

程序内容	程序说明
O1301	主程序号
N10 G90 G21 G94 G40 G49 G17 G54	设置系统初始环境
N20 G00 X60 Y-60	在换刀点高度平面，定位到起点
N30 G43 G00 Z20 H01	刀具长度补偿到安全高度
N40 G90 G00 Z-7 F100 M08	
N50 M03 S300 F100	主轴正转，转速为 300r/min
N60 D01 M98 P1302	调用 O1302 号粗加工子程序
N70 G90 G00 Z-14 F100	
N80 D01 M98 P1302	调用 O1302 号粗加工子程序
N90 G90 G00 Z-7 F100	
N100 M03 S500 F100	主轴正转，转速为 400r/min
N110 D02 M98 P1302	调用 O1302 号半精加工子程序
N120 G90 G00 Z-14 F100	
N130 D02 M98 P1302	调用 O1302 号半精加工子程序
N140 G90 G00 Z-15 F100	
N150 M03 S500 F100	
N160 D03 M98 P1302	调用 O1302 号精加工子程序
N170 G00 Z20	刀具长度补偿到安全高度
N180 G49 G28 M09	取消长度补偿，回参考点
N190 M05	主轴停转
N200 M30	程序结束
O1302	子程序号
N210 G90 G41 G00 Y-25.98 F100	$S \to P$
N220 G01 X-15	$P \to A$
N230 X-30 Y0	$A \to B$
N240 X-15 Y25.98	$B \to C$
N250 X15	$C \to D$
N260 X30 Y0	$D \to E$
N270 X15 Y-25.98	$E \to F$
N280 X0 Y-55	$\to Q$
N290 G40 G00 X55 Y-55	$Q \to S$
N300 M99	子程序结束

【检测与评价】

根据任务完成情况填写评价表（表 1-15）。

表 1-15　凸台铣削加工评价表

序号	考核项目	考核内容及要求	配分/分	评分标准	检测结果	得分
1	加工准备	装夹方案设计合理	8	每处不合理扣 1 分		
2		工具清单完整	8	每缺一项扣 2 分		
3		安装找正方法正确	10	每错一处扣 2 分		
4	尺寸精度	51.96±0.02mm	24	超差不得分		
5	表面粗糙度	*Ra*3.2μm	24	超差不得分		
6	文明生产	文明生产，符合安全生产规程	5	不符合要求酌情扣 1~5 分		
		加工工艺及操作方法正确	5	不符合要求酌情扣分		
7	工具、设备的使用与维护	正确、规范使用工具和量具，合理维护与保养工具和量具	4	不符合要求酌情扣分		
		正确、规范使用设备，合理保养与维护设备	4	不符合要求酌情扣分		
		操作姿势正确，动作规范	4	不符合要求酌情扣分		
8	完成时间		4	每超时 10min 扣 2 分，超时 30min 为不合格		
总配分			100	总得分		

项目二

凹槽铣削编程与加工

教学目标

1. 掌握键槽铣削加工工艺和编程指令。
2. 掌握型腔铣削加工工艺和编程指令。

任务一　键槽铣削编程与加工

学习目标

知识目标

➢ 掌握键槽铣削加工工艺的内容与要求。

➢ 了解键槽铣削加工编程指令。

技能目标

➢ 掌握键槽铣削加工编程方法。

➢ 会编写键槽铣削加工程序。

【工作任务】

分析图 2-1 所示零件图，通过所学的数控铣削加工编程知识，结合编程代码 G00、G01、G02、G03、G41、G42、G40 等指令，确定封闭键槽的加工方法，并编写加工程序，毛坯尺寸为 120mm×80mm×20mm。

【相关知识】

一、铣槽简介

1. 槽铣削加工的内容和要求

窄槽是指具有一定宽度、深度和截面形状的槽，槽底面与侧面成直角的称为直角槽。直角槽可分为敞开式、封闭式和半封闭式三种，如图 2-2 所示。

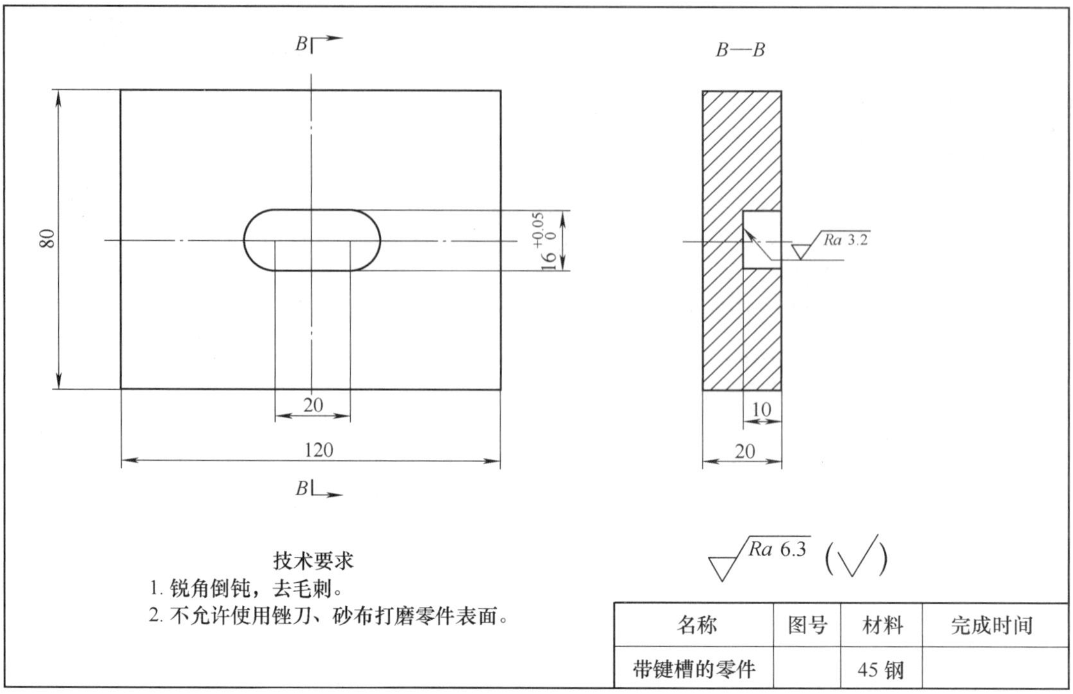

图 2-1　键槽铣削加工

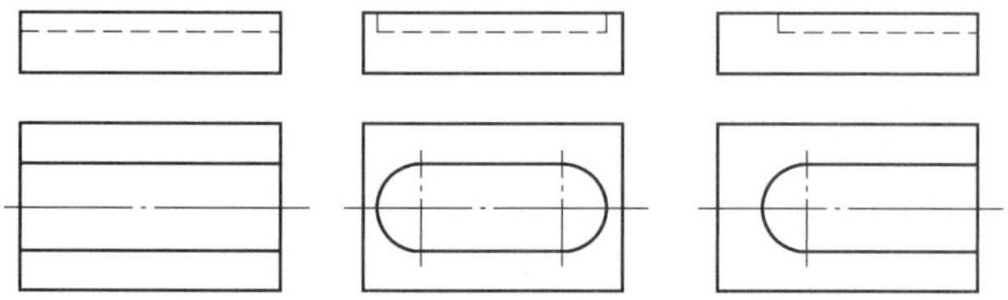

a) 敞开式窄槽　　b) 封闭式窄槽　　c) 半封闭式窄槽

图 2-2　窄槽（直角槽）类型

直角槽的主要尺寸有槽长、槽宽、槽深。加工要求主要有尺寸精度、几何精度和表面粗糙度等。尺寸精度主要是槽的位置尺寸精度，槽的宽度、长度和深度的尺寸精度，尤其是与其他零件相配合的槽，其宽度尺寸精度一般要求较高；槽的几何精度主要是槽两侧面的平行度以及对称度等；在槽的铣削加工中，一般对槽的侧面和底面有表面质量要求。

2. 槽铣削加工方法

铣削半封闭式或封闭式窄槽时，常用立铣刀与键槽铣刀。

在铣削加工一般精度要求的窄槽时，可选择直径等于或略小于直角槽宽度的立铣刀与键槽铣刀，由刀具直径保证槽宽。安装铣刀时，铣刀的伸出长度要尽可能小。

在铣削加工具有较高精度要求的窄槽时，应分粗加工和精加工两个工序多次分层加工槽。粗、精加工刀具的直径应小于槽宽。精加工时，为保证槽宽尺寸公差，可用刀尖圆弧半径补偿铣削内轮廓的加工方法。

在铣削加工开放窄槽时，刀具可从工件侧面水平切入工件。

在铣削加工封闭窄槽时，刀具无法从侧面水平切入工件，而必须沿 Z 方向切入。如果没有预钻孔，可用键槽铣刀沿 Z 方向切入。键槽铣刀具有直接垂直向下进刀的能力，其端面中心处有切削刃，而平底立铣刀的端面中心处无切削刃，故平底立铣刀只能做较小的深度切削。

立铣刀不能沿 Z 方向直接切入工件时，可先钻落刀孔，将平底立铣刀从落刀孔引入切削。铣削较深沟槽（深度大于铣刀半径）时，切削条件较差，切削时排屑不畅，散热面积小，不利于切削，宜分层铣削至要求的深度，每次铣削层的深度为 0.5～1mm。

二、键槽铣刀

键槽铣刀有多种类型，包括普通直柄键槽铣刀（图 2-3a）、莫氏锥柄键槽铣刀（图 2-3b）、削平直柄键槽铣刀和 2°斜削平直柄键槽铣刀。键槽铣刀的外形与立铣刀相似，不同的是其圆周上只有两个螺旋刀齿，端面刀齿的切削刃延伸至中心，以保证切削平稳，适用于封闭式槽的铣削加工。铣削加工封闭式窄槽时，键槽铣刀可先轴向进给至槽深，然后沿键槽方向铣削加工出键槽全长，较深的槽要做多次垂直进给和纵向进给才能完成加工。此外，键槽铣刀可用于插入式铣削、钻削和锪孔。

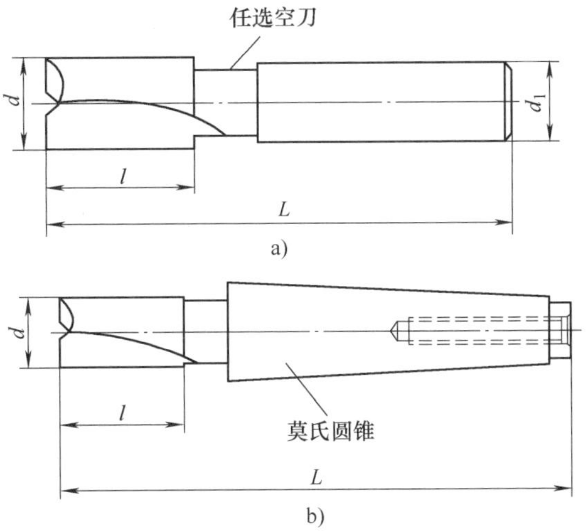

图 2-3 键槽铣刀
a）普通直柄键槽铣刀 b）莫氏锥柄键槽铣刀

按国家标准 GB/T 1112—2012《键槽铣刀》规定，普通直柄键槽铣刀直径 d 的公称尺寸范围为 2～22mm（取整数），莫氏锥柄键槽铣刀直径 d 的公称尺寸范围为 6～63mm（取整数）。键槽铣刀直径的极限偏差有 e8 和 d8 两种，e8 级的直径极限偏差用于加工槽宽精度为 H9 的槽，d8 级的直径极限偏差用于加工槽宽精度为 N9 的槽。键槽铣刀的圆周刃仅在靠近端面的一小段长度内发生磨损，重磨时，只需刃磨端刃，因此重磨后铣刀直径不变。

【任务实施】

1. 识读零件图

读到的信息见表 2-1。在编程之前，先分析图样，确定加工内容和要求，因为零件中的槽结构处于 Y 向对称位置，槽长为 36mm、槽宽为 16mm、槽深为 10mm。对槽的宽度尺寸有公差为 0.05mm 的精度要求；槽的侧面和底面有表面质量要求。

表 2-1 键槽铣削加工零件图信息

需要阅读的内容	获得的信息
零件名称	带键槽的零件
零件材料	45 钢
该图样采用的视图	主视图、左视图
零件形状	板类
零件图中的重要尺寸	$16^{+0.05}_{0}$mm、20mm
表面粗糙度要求	Ra 3.2μm、Ra 6.3μm

2. 选择刀具

键槽的铣削加工可以使用一把或两把刀具。如果工件尺寸公差要求很严格或者材料硬度较高，需要使用两把刀具，一把用于粗加工，另一把用于精加工，刀具直径可以相同也可以不同。

本任务中选用两把刀具，粗加工刀具号为 T01，拟用高速工具钢材料、直径为 ϕ10mm、刀齿数为 2 齿的波形刃立铣刀，粗加工后，预留 0.5mm 的精加工余量。

精加工的刀具号为 T02，拟用高速钢材料、直径为 ϕ12mm 的直柄螺旋齿可转位立铣刀。

3. 确定切削的起点、终点及加工路线

本任务中的起刀点可选在槽内，粗加工时，选择直径比槽宽略小的刀具，刀具经起始位置直线进给切削后，在槽的侧面和底面留下适当的精加工余量，槽的底面也宜留有适当的精加工余量。

精加工时，刀具沿 Z 方向进给切削至槽底部深度，通过沿垂直于槽轮廓的线段进给并建立刀尖圆弧半径补偿，完成槽加工后取消刀尖圆弧半径补偿。

4. 装夹工件方式

根据工件外形和大小，采用机用平口钳装夹，下面垫等高垫块，工件伸出长度为 6~8mm。

5. 确定切削用量

具体内容见表 2-2。

表 2-2 铣削键槽切削用量

刀具	工作内容	进给速度 v_f/(mm/min)	主轴转速 n/(r/min)
高速工具钢立铣刀 T01	粗铣键槽	100	800
高速工具钢立铣刀 T02	精铣键槽	150	900

6. 编写参考程序

键槽铣削加工参考程序见表 2-3。

表 2-3 键槽铣削加工参考程序

程序内容	程序说明
O2101	(键槽加工主程序)
N10 G80 G17 G90 G54 G40	(启动设置)
N20 S800 M03	主轴正转，转速为 800r/min
N30 MP8 P2102 F100	调用子程序，进给速度为 100mm/min
N40 G43 H01 G00 Z100	Z 向定位，建立刀具长度补偿
N50 M05	主轴停转
N60 M00	程序暂停
N70 G55 G90 G17	(启动设置)
N80 M03 S900	主轴正转，转速为 900r/min

（续）

程序内容	程序说明
N90 G43 G00 Z100 H02	Z 向定位，建立刀具长度补偿
N100 MP8 P2102 F150	调用子程序，进给速度为 150mm/min
N110 G00 Z100	抬刀
N120 M30	主轴停转，程序结束
O2102	子程序
N130 G00 X10 Y0	快速定位
N140 Z5 M08	工件上方的起始位置
N150 G01 Z-10 F100	进给至最终深度
N160 G41 Y8 D02	建立刀具半径补偿并趋近轮廓
N170 G01 X-10	切削上面的侧壁
N180 G03 Y-8 R8	切削圆弧
N190 G01 X10	切削下面的侧壁
N200 G03 Y8 R8	切削圆弧
N210 G01 G40 Y0	返回初始位置
N220 Z25 M09	退刀至工件上方
N230 M99	子程序结束

【检测与评价】

根据任务完成情况填写评价表（表 2-4）。

表 2-4　键槽铣削编程与加工评价表

序号	考核项目	考核内容及要求	配分/分	评分标准	检测结果	得分
1	加工准备	装夹方案设计合理	10	每处不合理扣 1 分		
2		工具清单完整	10	每缺一项扣 2 分		
3		安装找正方法正确	10	每错一处扣 2 分		
4	尺寸精度	$16^{+0.05}_{0}$mm	15	超差不得分		
5		深 10mm	15	超差不得分		
6	表面粗糙度	*Ra*3.2μm	10	超差不得分		
7	文明生产	文明生产，符合安全生产规程	5	不符合要求酌情扣分		
8		加工工艺及操作方法正确	5	不符合要求酌情扣分		
9	工具、设备的使用与维护	正确、规范使用工具和量具，合理维护与保养工具和量具	5	不符合要求酌情扣分		
10		正确、规范使用设备，合理保养与维护设备	5	不符合要求酌情扣分		
11		操作姿势正确，动作规范	5	不符合要求酌情扣分		
12	完成时间		5	每超时 10min 扣 1 分，超时 30min 为不合格		
总配分			100	总得分		

【知识拓展】

1. 刀具长度补偿指令 G43、G44、G49

刀具长度补偿用来补偿假定的刀具长度（位置）与实际的刀具长度（位置）之间的差值。

指令格式：

G43 Z~H01 刀具长度正补偿；

G44 Z~H01 刀具长度负补偿；

G49 或 H00 取消刀具长度补偿。

其中，H 为刀具长度补偿号，H01 表示存放在 01 号寄存器中的刀具长度补偿值。

2. 刀具长度补偿指令的应用

对于数控铣床和加工中心而言，刀具长度补偿功能可用于工件坐标系 Z 方向的原点设定。

用 G54 指令设定工件坐标系时，仅在 X、Y 方向进行原点偏置，而在 Z 方向不进行原点偏置。

例如，在主轴上安装好刀具，将刀具的刀位点移动到工件坐标系的 Z0 处，将此时显示的机床坐标值输入到图 2-4 所示的刀具长度补偿寄存器中，作为刀具长度补偿值。假定 01 号刀具的长度补偿值为 H01=−140mm，02 号刀具的长度补偿值为 H02=−100mm，03 号刀具的长度补偿值为 H03=−120mm。采用此种方法的编程格式为

```
G90 G54 G49 G94
M03 S~
G43 G00 Z~H~
⋮
G91 G49 G28 Z0
T~M06
⋮
```

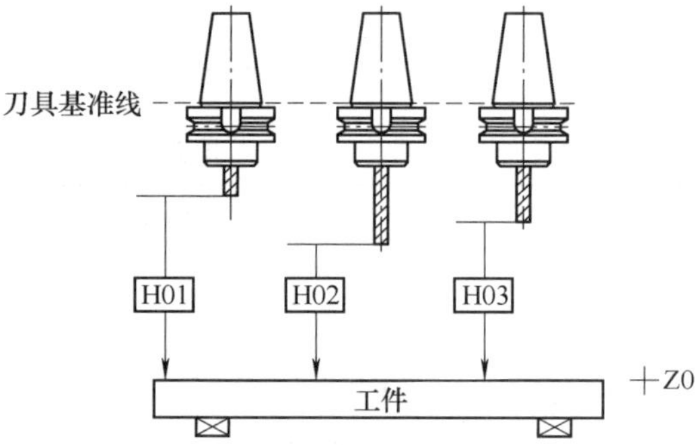

图 2-4　刀具长度补偿指令的应用

在上面的程序中，若要对 03 号刀具进行长度补偿，则程序为

```
G43 G00 Z30 H03
```

在程序执行过程中，刀具的移动量 $\Delta H = 30\text{mm} + (-120\text{mm}) = -90\text{mm}$，即刀具向下移动 90mm，刀具的原点正好位于工件原点上方 30mm 的高度，符合编程的意图。

3. 子程序及应用

在一个加工程序中，如果有几个一连串的程序段完全相同（即一个零件有几处的几何形状相同），或顺次加工几个相同的工件，为缩短程序，可将这些重复的程序段按规定的程序格式编成子程序，并存储在子程序存储器中。子程序以外的程序为主程序，主程序在执行过程中即可调用该子程序，并可多次重复调用，从而简化编程工作，也可减少错误。

当一个主程序调用一个子程序时，该子程序可以调用另一个子程序，称为子程序的两重

嵌套。一般机床可以允许多达四重的子程序嵌套。在调用子程序的指令中，可以指定重复执行所调用的子程序，可以指定重复最多达 999 次。

一个子程序应该具有如下格式：

```
O××××   子程序号
  ⋮  ⎫
  ⋮  ⎬ 子程序内容
  ⋮  ⎪
  ⋮  ⎭
M99     返回主程序
```

作为子程序的结尾，M99 指令可以出现在一个单独的程序段中，即

```
G90 G00 X0 Y100 M99
```

在主程序中，调用子程序的程序段应包含如下内容：

```
M98 P×××××
```

其中，在地址符 P 后面的五位数字中，第一位数字用于指定调用子程序的重复次数，后面的四位数字用于指定被调用的子程序的程序号。例如：

M98 P51002 表示调用 1002 号子程序，重复 5 次；

M98 P1002 表示调用 1002 号子程序，重复 1 次；

M98 P50004 表示调用 4 号子程序，重复 5 次。

子程序调用指令可以和运动指令出现在同一程序段中，例如：

```
G90 G00 X-75 Y50 Z53 M98 P40035
```

该程序段指令表示刀具从 X、Y、Z 三个方向以快速定位进给速度运动到指令位置，然后调用四次 35 号子程序。

主程序调用子程序的流程如图 2-5 所示。

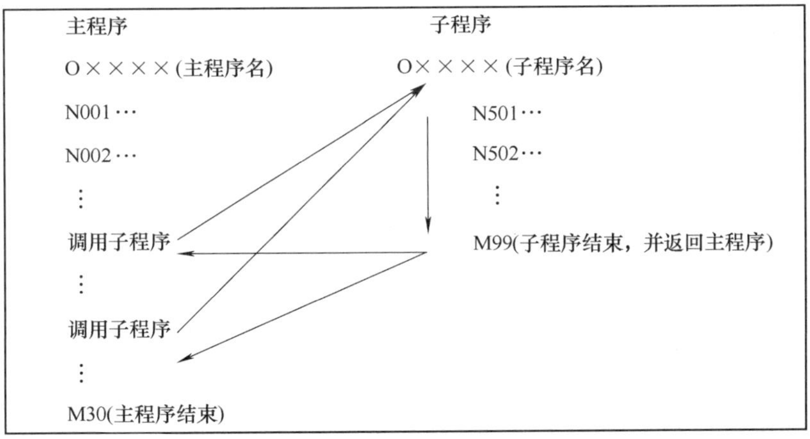

图 2-5　主程序调用子程序的流程

主程序与子程序的内容可以不同，但两者的程序格式应相同。

任务二　型腔铣削编程与加工

学习目标

知识目标

- ➢ 掌握型腔铣削加工工艺的内容与要求。
- ➢ 掌握型腔铣削加工编程指令。

技能目标

- ➢ 掌握型腔铣削加工编程方法。
- ➢ 会编写型腔铣削加工程序。

【工作任务】

分析图 2-6 所示零件图，通过所学的数控铣削加工编程知识，利用基本插补指令 G00、G01、G02、G03 和刀具半径补偿指令 G41、G42、G40 等，确定加工方法，并编写加工程序，毛坯尺寸为 80mm×60mm×20mm。

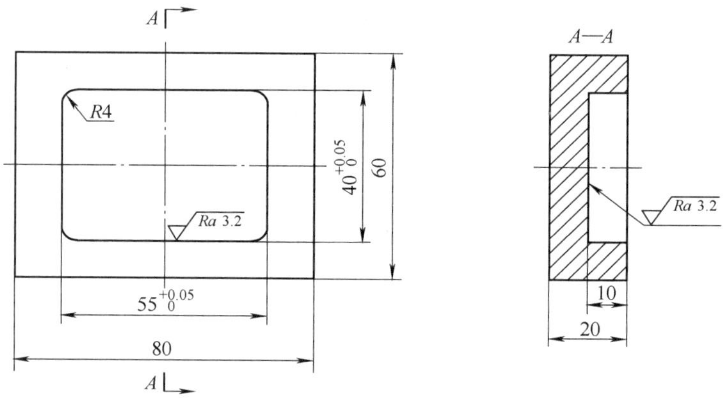

技术要求

1.锐角倒钝，去毛刺。
2.不允许使用锉刀、砂布打磨零件表面。

Ra 6.3 (√)

名称	图号	材料	完成时间
带型腔零件		45钢	45min

图 2-6　型腔铣削加工

【相关知识】

一、型腔铣削加工的内容与要求

型腔是数控铣床和加工中心常见的铣削加工结构。铣削型腔时，需要在由边界线确定的一个封闭区域内去除材料，该区域由侧壁和底面围成，其侧壁和底面可以是斜面、凸台、球面以及其他形状。型腔内部可以全空或有孤岛。对于形状比较复杂或内部有孤岛的型腔，则需要使用计算机辅助（CAM）编程。

二、型腔的铣削加工方法

对于侧壁深度较浅的型腔，可用键槽铣刀插削到底面深度，先铣削型腔的中间部分，然后利用刀尖圆弧半径补偿指令对垂直侧壁轮廓进行精加工。

对于侧壁深度较深的内部型腔，宜在深度方向分层切削，常用的方法是预先钻削一个所需深度的孔，然后再使用比孔径尺寸小的平底立铣刀从 Z 方向进入预定深度，随后进行侧面铣削加工，将型腔加工至所需的尺寸和形状。

铣削型腔时需要考虑两个重要的工艺方法：刀具切入工件的方式和设计；粗、精加工的加工路线。

三、型腔铣削加工的刀具

适合于铣削加工型腔的刀具有平底立铣刀、键槽铣刀，型腔的斜面、曲面区域要用 R 刀或球头铣刀加工。

铣削加工型腔时，立铣刀是在封闭边界内进行加工的，其加工方法受到内部结构特点的限制。

使用立铣刀对内轮廓进行精加工时，刀具半径一定要小于零件内轮廓的最小曲率半径，一般取刀具半径为内轮廓最小曲率半径的 0.8~0.9 倍。粗加工时，在不干涉内轮廓尺寸和形状的前提下，尽量选用直径较大的刀具，其抗弯强度大，加工中不容易使刀具引起弯曲和振动。

在刀具切削刃（螺旋槽长度）满足最大深度的前提下，尽量缩短刀具从主轴伸出的长度和立铣刀从刀柄夹持工具的工作部分中伸出的长度，立铣刀的伸出长度越长，抗弯强度越小，受力弯曲程度越大，会影响加工质量，并容易产生振动，加速刀具切削刃的磨损。

四、型腔铣削加工的加工路线

1. 型腔铣削加工的刀具切入方法

与外轮廓加工不同，铣削加工型腔时，要考虑如何使刀具沿 Z 方向切入工件实体的问题。通常刀具沿 Z 方向切入工件实体有如下三种方法：

1）使用键槽铣刀沿 Z 方向垂直向下进刀切入工件。

2）先预钻一个孔，再用直径比孔径小的平底立铣刀铣削加工至图样要求。

3）斜线进刀及螺旋进刀。斜线进刀及螺旋进刀，都是靠铣刀的侧刃逐渐向下铣削加工而实现向下进刀的，这两种进刀方式可以用于端部切削能力较弱的面铣刀向下进给。

2. 加工路线

常见的型腔粗加工路线有以下三种：

1）行切法，如图 2-7a 所示。在该路线中，刀具循 Z 字形刀路行切，加工效率高，但相邻两行加工路线的起点和终点间会留下凹凸不平的残留，残留高度与行距有关。通常行切法的行距为刀具直径的 70%~90%。

2）环切法，如图 2-7b 所示。该路线的加工余量均匀稳定，有利于精加工时工艺系统的稳定性，从而得到较高的表面质量，但刀路较长，不利于提高加工效率。

3）综合法，如图 2-7c 所示。先用行切法粗加工，后用环切法（环切一周）半精加工。该方法集中了行切法与环切法的优点，有利于提高粗加工效率，保证精加工的加工余量均匀，增强了精加工时工艺系统的稳定性。

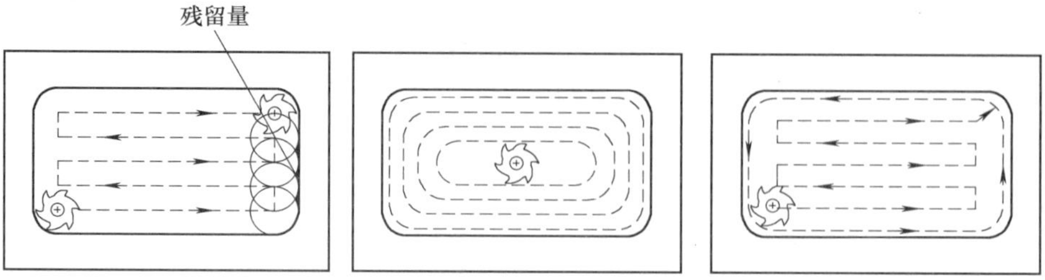

图 2-7 铣削加工型腔的三种加工路线

五、型腔铣削加工的切削用量

粗加工时，为了得到较高的加工效率，常会选择较大的切削用量，但刀具的切削深度与切削宽度应与加工条件（机床、工件、装夹、刀具）相适应。

在实际加工过程中，一般让 Z 方向的吃刀量不超过刀具的半径；直径较小的立铣刀的切削深度一般不超过刀具直径的 1/3。切削宽度与刀具直径大小成正比，与切削深度成反比，一般取切削宽度为刀具直径的 0.6~0.9 倍。需要注意的是，在粗加工内轮廓的第一次切削时，刀具为全宽切削，切削力大，切削条件差，应适当减小进给量和切削速度。

精加工时，为了保证加工质量，避免工艺系统受力变形，并减小振动，应减少切削深度，数控机床的精加工余量可略小于普通机床，一般在深度、宽度方向留 0.2~0.5mm 的精加工余量。精加工时，进给量的大小主要受表面粗糙度要求的限制，切削速度的大小主要取决于刀具的使用寿命。

【任务实施】

1. 识读零件图

读到的信息见表 2-5。

表 2-5 型腔铣削加工零件图信息

需要阅读的内容	获得的信息
零件名称	带型腔零件
零件材料	45 钢
该图样采用的视图	主视图、左视图
零件形状	板类
零件图中的重要尺寸	$40^{+0.05}_{0}$mm，$55^{+0.05}_{0}$mm
表面粗糙度要求	$Ra3.2\mu m$ $Ra6.3\mu m$

2. 选择刀具

图 2-6 所示的零件图中，型腔的四个角都有圆角，圆角的半径限定了刀具半径的选择，圆角的半径应大于或等于所用精加工刀具的半径。本任务中圆角半径为 4mm，选择直径为 ϕ8mm 的键槽铣刀用于粗加工，但在精加工中刀具半径应略小于圆角半径，便于刀具能通过刀尖圆弧半径补偿指令切削轮廓，精加工选用直径为 ϕ6mm 的立铣刀比较合理。因此确定粗加工的刀具直径为 ϕ8mm，精加工的刀具直径为 ϕ6mm，刀具材料为高速工具钢。

3. 确定切削的起点、终点及加工路线

如图 2-8 所示，本任务中的型腔轮廓关于 X、Y 方向对称，处于 X、Y 方向的对称面为 X、Y 方向的基准平面，因此选用型腔几何中心作为 X、Y 方向的工件原点。假设上表面已经过精加工，选择工件上表面为 Z 方向原点。

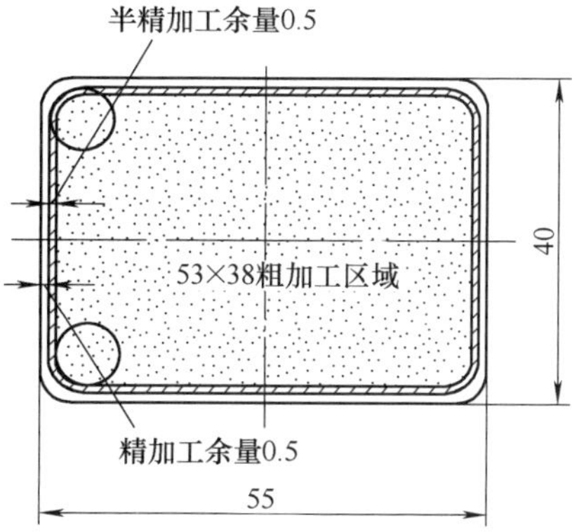

图 2-8　X、Y 方向的加工余量分配

设计型腔的加工步骤分为粗、半精、精加工三个阶段，粗加工完成 53mm×38mm 的区域，粗加工后留下的单边 1mm 的加工余量包括精加工余量和半精加工余量，即半精加工单边余量为 0. 5mm，精加工单边余量为 0. 5mm。

采用行切法进行型腔的粗加工，如图 2-9a 所示。但该加工路线会在加工表面上留下扇形残留量，切削余量不均匀时很难保证精加工的加工质量，因此需要进行半精加工，其目的是消除扇形残留量，如图 2-9b 所示。

型腔在 Z 方向的切削深度为 10mm，考虑到刀具直径较小，分 4 次粗切，每层切削深度为 2. 5mm。

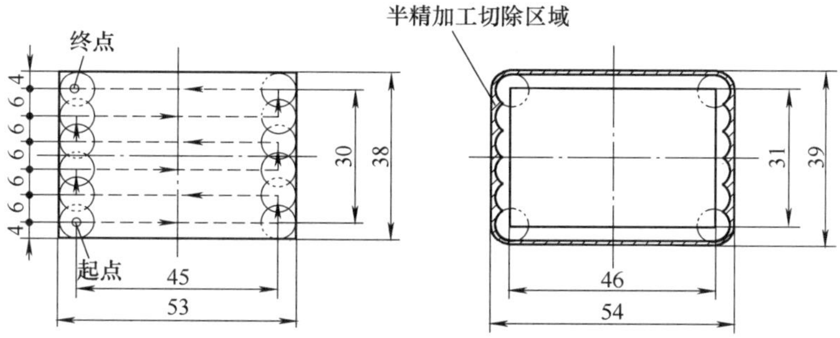

a) 行切法粗加工　　b) 环切法半精加工

图 2-9　型腔粗加工、半精加工路线

粗加工和半精加工完成后，可以使用另一把直径为 ϕ6mm 的刀具进行精加工并得到最终尺寸。

选择型腔的几何中心点作为精加工的起点，加工路线如图 2-10 所示。在精加工过程中，应该使用刀尖圆弧半径补偿功能，以保证尺寸公差的要求。由于刀尖圆弧半径补偿功能不能在圆弧插补运动中启动，因此必须添加建立和取消刀尖圆弧半径补偿功能的直线运动，以及切入、切出轮廓的圆弧插补运动。

4. 工件装夹方式

根据工件外形和大小，采用机用平口钳装夹，下面垫等高垫块，工件伸出长度为6~8mm，在工件上表面几何中心点建立工件坐标系。

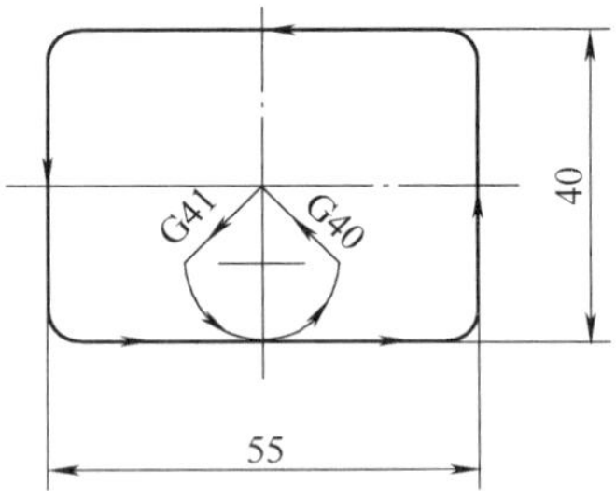

图 2-10　型腔精加工路线

5. 确定切削用量

具体内容见表2-6。

表 2-6　型腔铣削切削用量

刀具	工作内容	进给速度 v_f/(mm/min)	主轴转速 n/(r/min)
ϕ8mm 的高速工具钢键槽铣刀 T01	粗铣内轮廓	100	800
ϕ6mm 的高速工具钢键槽铣刀 T02	精铣内轮廓	100	1200

6. 编写参考程序

型腔铣削加工参考程序见表2-7。

表 2-7　型腔铣削加工参考程序

程序内容	程序说明
O2201	主程序号
N10 G21 G17 G40 G80 T01	用 ϕ8mm 键槽铣刀进行粗加工
N20 S800 M03	主轴正转，转速为 800r/min
N30 G90 G54 G00 X-22. 5 Y-15	建立工件坐标系，刀具快速定位至起始位置
N40 G43 Z5 H01 M08	切削液开
N50 G01 Z0 F100	
N60 M98 P2202 L4	调用 O2202 号子程序 4 次
N70 G90 G00 Z5 M09	切削液关
N80 G28 G49 Z5 M05	回参考点
N90 M01	手装 ϕ8mm 立铣刀进行精加工
N100 G90 G54 G00 X0 Y0 S1000 M03	
N110 G43 Z5 H02 M08	切削液开
N120 G01 Z-10 F200	加工深度 10mm
N130 M98 P2203	调用 O2203 号子程序
N140 G90 G00 Z5 M09	切削液关
N150 G28 G49 Z5 M05	回参考点
N160 M30	主程序结束
O2202	子程序号
N170 G91 G01 Z-2. 5 F50	Z 向切入实体
N180 G91 X45 F100	全齿切削
N190 Y6 F100	Y 向步距进给

（续）

程序内容	程序说明
N200 X-45 F150	
N210 Y6 F100	
N220 X45 F150	
N230 Y6 F100	
N240 X-45 F150	
N250 Y6 F100	
N260 X45 F150	
N270 Y6 F100	
N280 X-45 F150	Z 向粗加工终点
N290 X-0.5 Y0.5	半精加工起点
N300 Y-31	
N310 X46	
N320 Y31	
N330 X-46	
N340 M99	子程序结束
O2203	子程序号
N350 G91	增量编程
N360 G01 G41 X-10 Y-10 D02 F400	建立刀具半径补偿
N370 G03 X10 Y-10 R10 F100	圆弧切入
N380 G01 X23.5	
N390 G03 X4 Y4 R4	
N400 G01 Y32	
N410 G03 X-4 Y4 R4	
N420 G01 X-47	
N430 G03 X-4 Y-4 R4	
N440 G01 Y-32	
N450 G03 X4 Y-4 R4	
N460 X23.5	
N470 G03 X10 Y10 R10	圆弧切出
N480 G01 G40 X-10 Y10 F400	取消刀具半径补偿
N490 M99	子程序结束

【检测与评价】

根据任务完成情况填写评价表（表 2-8）。

表 2-8　型腔铣削编程与加工评价表

序号	考核项目	考核内容及要求	配分/分	评分标准	检测结果	得分
1	加工准备	装夹方案设计合理	8	每处不合理扣 1 分		
2		工具清单完整	8	每缺一项扣 2 分		
3		安装找正方法正确	10	每错一处扣 2 分		
4	尺寸精度	$55^{+0.05}_{0}$mm	15	超差不得分		
		$40^{+0.05}_{0}$mm	15	超差不得分		
5	表面粗糙度	$Ra3.2\mu m$	18	超差不得分		
6	文明生产	文明生产，符合安全生产规程	5	不符合要求酌情扣分		
		加工工艺及操作方法正确	5	不符合要求酌情扣分		
7	工具、设备的使用与维护	正确、规范使用工具和量具，合理维护与保养工具和量具	4	不符合要求酌情扣分		
		正确、规范使用设备，合理保养与维护设备	4	不符合要求酌情扣分		
		操作姿势正确，动作规范	4	不符合要求酌情扣分		
8	完成时间		4	每超时 10min 扣 1 分，超时 30min 为不合格		
总配分			100	总得分		

【知识拓展】

一、缩放指令成镜像指令 G51、G50

G51 指令即可作为缩放功能，使原编程尺寸按指定比例缩小或放大，又可作为镜像功能，让图形按指定规律产生镜像变换。G50 指令是撤销缩放或镜像功能。G51、G50 指令均为模态 G 代码。在铣削加工中，使用 G51 指令，可实现用同一程序加工出形状相同但尺寸不同的工件：当工件具有相对于某一轴对称的形状时，利用镜像功能和子程序相结合的方法，只对工件的一部分进行编程，就可加工出工件的整体。

1. 缩放功能

（1）各轴按相同比例编程　G51 指令可指定平面缩放，也可指定空间缩放。

指令格式：

```
G51  X_   Y_   Z_   P_
G50  X_   Y_   Z_   P_
```

其中，X、Y、Z 为比例缩放中心坐标（绝对方式），P 为比例缩放系数。

P 值以后的移动指令，从比例中心点开始，实际移动量为原数值的 P 倍。P 值对偏移量无影响（即缩放指令不能用于补偿量的缩放）。

（2）各轴以不同比例编程　各轴可以按不同比例来缩小或放大，当给定的比例系数为 ±1 时，可获得镜像功能。

指令格式：

```
G51  X_  Y_  Z_  I_  J_  K_
G50
```

其中，X、Y、Z 为比例缩放中心坐标，I、J、K 为对应的 X、Y、Z 轴的比例系数。比例系数与图形的关系如图 2-11 所示，其中 b/a 为 X 轴系数，d/c 为 Y 轴系数，O_1 为比例中心。

在 FANUC 系统中设定 I、J、K 值取整数，不带小数点，当比例系数为 1 时，应在 I、J、K 的后面输入 1000，并在整个程序中都应输入，不能省略。

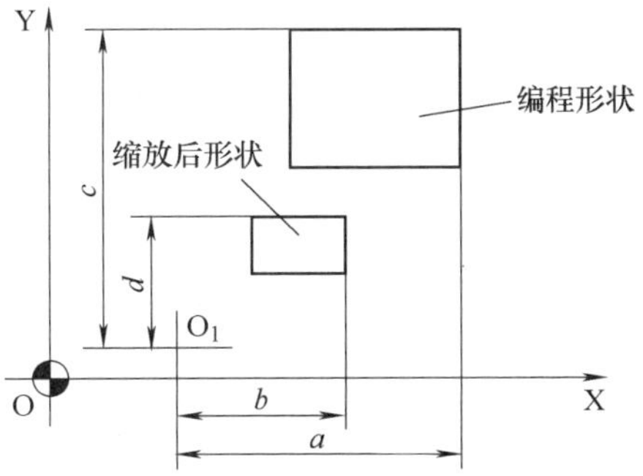

图 2-11　各轴按不同比例编程

在编写比例缩放相关程序的过程中，应注意以下四点：

1）在编写比例缩放程序的过程中，要特别注意建立刀具补偿程序段的位置。通常情况下，刀具补偿程序段应写在缩放程序段内；比例缩放对于刀具半径补偿值、刀具长度补偿值及工件坐标系原点偏移量无效。

2）在比例缩放程序段中应用圆弧插补指令，如果按相同比例缩放，则圆弧半径也相应缩放相同的比例；如果指定不同的缩放比例，则刀具不会走出相应的椭圆轨迹，仍将进行圆弧的插补，圆弧的半径根据指令中 I、J 值中的较大值进行缩放。

3）比例缩放对固定循环中的 Q 值与 d 值无效。在比例缩放过程中，有时不希望进行 Z 方向的比例缩放，可通过修改系统参数的方式，禁止系统在 Z 方向上进行比例缩放。

4）在比例缩放状态下，不能指定回参考点的 G 指令（G27~G30），也不能指定坐标系设定指令（G52~G59，G92）。若一定要指定这些 G 指令，应在取消缩放功能后指定。

2. 镜像功能

指令格式：

```
G51  X_  Y_  Z_  I_  J_  K_
G50
```

其中，X、Y、Z 为镜像对称中心坐标；

I、J、K 为对应的 X、Y、Z 轴的镜像。不带小数点输入取-1000。

任务三　圆弧槽综合铣削编程与仿真加工

学习目标

知识目标

- 理解加工方案确定的具体内容。
- 理解零件图样所表达零件的结构形状、尺寸和技术要求。

能力目标

- 熟练使用仿真软件加工与检测零件。

➢ 能读懂零件图样。

➢ 能正确编写二维轮廓的铣削加工程序。

【工作任务】

分析图 2-12 所示零件图，掌握零件的结构，确定切削加工工艺和加工路线，利用所学数控铣削加工编程指令编写加工程序，并使用数控铣床仿真软件进行铣削加工。毛坯尺寸为 100mm×80mm×20mm。

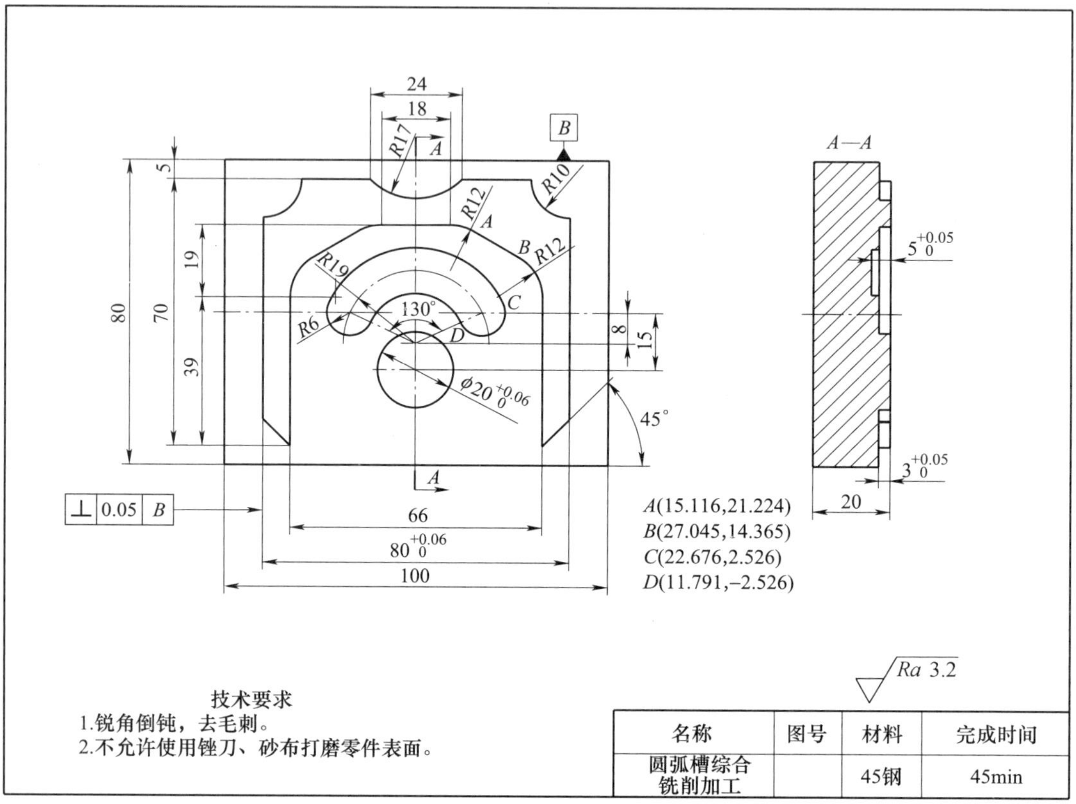

图 2-12　圆弧槽综合铣削加工

【相关知识】

1. 基点的概念

利用数控铣床进行工件铣削加工编程时，先要计算出各几何元素之间的交点坐标。各个几何元素之间的连接点称为基点，例如直线与直线的交点、直线与圆弧的交点或切点、圆弧与圆弧的交点或切点等。作为铣削加工编程指令中的关键数据，工件轮廓基点坐标的确定是手工编程的重要步骤之一。

2. 基点的计算方法

计算基点坐标时，常用解析几何或三角函数关系求得，见表 2-9 和表 2-10。

表 2-9　基点的计算方法

图示	方法	直角边 a	直角边 b	斜边 c
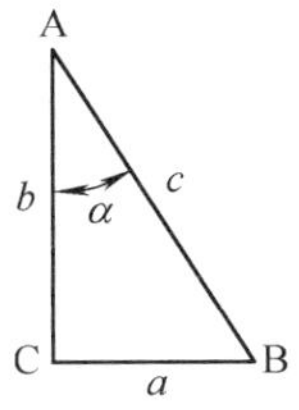	勾股定理	$a=\sqrt{c^2-b^2}$	$b=\sqrt{c^2-a^2}$	$c=\sqrt{a^2+b^2}$
	三角函数	$a=b/\tan\alpha$	$b=a/\tan\alpha$	$c=a/\sin\alpha$
		$a=c\sin\alpha$	$b=c\cos\alpha$	$c=b/\cos\alpha$

表 2-10　特殊角度三角函数值

	30°	45°	60°
正弦	$\sin30°=1/2=0.5$	$\sin45°=\sqrt{2}/2=0.707$	$\sin60°=\sqrt{3}/2=0.866$
余弦	$\cos30°=\sqrt{3}/2=0.866$	$\cos45°=\sqrt{2}/2=0.707$	$\cos60°=1/2=0.5$
正切	$\tan30°=\sqrt{3}/3=0.577$	$\tan45°=1$	$\tan60°=\sqrt{3}=1.732$

例： 计算图 2-13 中点 A 和点 B 的坐标，点 O 为坐标原点。

解：

（1）计算点 A 坐标

1）添加辅助线 AP。过点 A 作直线 OB 的垂线，垂足为点 P，得 AP⊥OB。

2）连接点 A 和点 O，构成一个直角三角形 AOP。因为∠APO=90°。由正六边形内角和为 360°可得，∠AOP=60°，则∠OAP=30°。

3）计算点 A 的坐标。

$OP=OA\sin30°=40\text{mm}\times(1/2)=20\text{mm}$，$AP=\sqrt{OA^2-OP^2}=\sqrt{40^2-20^2}\text{mm}=34.641\text{mm}$，

点 A 的坐标为（20，34.641）。

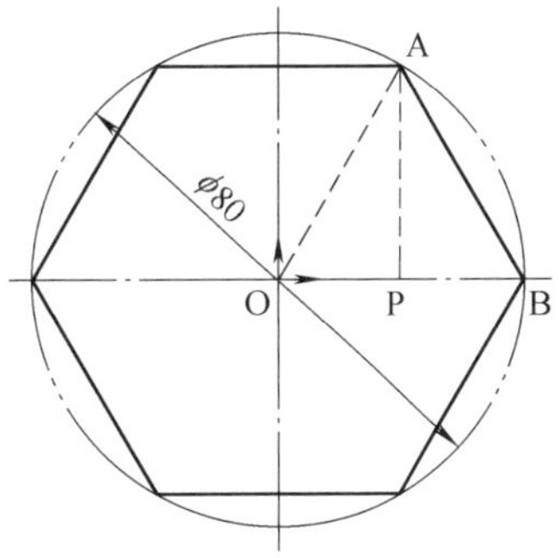

图 2-13　例题附图—求点 A 和点 B 的坐标

（2）计算点 B 的坐标。点 B 在直径为 ϕ80mm 的圆周上，故 OB 的长度为直径的一半，即 OB=40mm。

点 B 坐标为（40，0）。

【任务实施】

1. 识读零件图

读到的信息见表 2-11。

表 2-11　圆弧槽综合铣削加工零件图信息

识读内容	获得的信息
零件名称	圆弧槽综合铣削加工
零件材料	45 钢
该图样采用的视图	剖视图

（续）

识读内容	获得的信息
零件形状	板类
零件图中的重要尺寸	$5^{+0.05}_{0}$mm、$3^{+0.05}_{0}$mm、$80^{+0.06}_{0}$mm、$\phi20^{+0.06}_{0}$mm
表面粗糙度要求	$Ra3.2\mu m$

2. 选择刀具

选择直径为 ϕ10mm 的键槽铣刀。

3. 工件装夹方式

根据工件外形和大小，采用机用平口钳装夹，下面垫等高垫块，工件伸出长度为 6~8mm，在工件上表面几何中心点建立工件坐标系。

4. 确定切削用量

具体内容见表 2-12。

表 2-12 圆弧槽综合铣削切削用量

刀具	工作内容	进给速度 v_f/(mm/min)	主轴转速 n/(r/min)
ϕ10mm 的高速工具钢键槽铣刀 T01	粗铣轮廓	80	800
ϕ10mm 的高速工具钢键槽铣刀 T02	精铣轮廓	100	1000

5. 编写参考程序

圆弧槽综合铣削加工参考程序见表 2-13。

表 2-13 圆弧槽综合铣削加工参考程序

程序内容	程序说明
O2301	主程序号
N10 G54 G17 G90 G00 Z10 M03 S800	建立工件坐标系，主轴正转，转速为 800r/min
N20 G43 H1 G00 Z100	建立刀具长度补偿
N30 M98 P2302 F80	调用 O2302 号子程序，进给速度为 80mm/min
N40 G49 G00 Z100	取消刀具长度补偿
N50 M05	主轴停转
N60 M00	程序暂停，手动换刀
N70 G43 G00 Z100 H2	建立刀具长度补偿
N80 M03 S1000	（精加工）主轴正转，转速为 1000r/min
N90 N98 P2302 F100	调用 O2302 号子程序，进给速度为 100mm/min
N100 G49 G00 Z100	取消刀具长度补偿
N110 M30	程序结束，主轴停转
O2302	子程序号
N120 G00 X20 Y-35	快速定位
N130 G01 Z-3	直线插补

（续）

程序内容	程序说明
N140 G01 G41 X15 X-25 D01	建立刀具半径补偿
N150 G01 X0 Y-25	直线插补
N160 G02 X0 Y-5 R10	顺时针圆弧插补
N170 G02 X0 Y-25 R10	顺时针圆弧插补
N180 G01 X-15 Y-25	直线插补
N190 G01 G40 X-20 Y-35	直线插补
N200 G00 Z10	快速定位
N210 G00 X-50 Y-50	快速定位
N220 G01 Z-3	直线插补
N230 G01 G41 X-40 Y-40 D02	直线插补
N240 G01 X-40 Y-28	直线插补
N250 G01 X-40 Y25	直线插补
N260 G03 X-30 Y35 R10	逆时针圆弧插补
N270 G01 X-12 Y35	直线插补
N280 G03 X12 Y35 R17	逆时针圆弧插补
N290 G01 X30 Y35	直线插补
N300 G03 X40 Y25 R10	逆时针圆弧插补
N310 G01 X40 Y-28	直线插补
N320 G01 X33 Y-35	直线插补
N330 G01 X33 Y4	直线插补
N340 G03 X27.046 Y14.365 R12	逆时针圆弧插补
N350 G01 X15.116 Y21.224	直线插补
N360 G03 X9 Y23 R12	逆时针圆弧插补
N370 G01 X-9 Y23	直线插补
N380 G03 X-15.116 Y21.224 R12	逆时针圆弧插补
N390 G01 X-27.046 Y14.365	直线插补
N400 G03 X-33 Y4 R12	逆时针圆弧插补
N410 G01 X-33 Y-35	直线插补
N420 G01 X-40 Y-28	直线插补
N430 G01 X-40 Y35	直线插补
N440 G01 X-40 Y40	直线插补
N450 G01 G40 X-50 Y50	取消刀具半径补偿
N460 G00 Z5	刀具抬高至工件上方 5mm 处
N470 G00 G16 X19 Y25	建立极坐标，加工槽
N480 G01 Z-5.03	
N490 G41 G01 D01 X25	建立刀具半径补偿

（续）

程序内容	程序说明
N500 G03 Y155 R25	逆时针圆弧插补
N510 G03 X13 R6	逆时针圆弧插补
N520 G02 Y25 R13	顺时针圆弧插补
N530 G03 X25 R6	逆时针圆弧插补
N540 G40 G01 X19	取消刀具半径补偿
N550 G15	取消极坐标
N560 G00 Z100	快速移至工件上方 100mm 处
N570 M99	子程序结束

6. 仿真加工

1）双击“数控加工仿真系统”桌面图标进入仿真软件登录界面（图 2-14），可采用“快速登录”的方式进入数控加工仿真系统，打开数控加工仿真系统的操作面板，如图 2-15 所示。

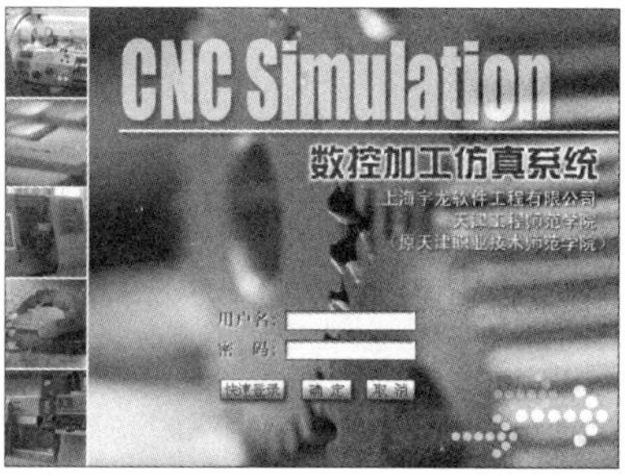

图 2-14　数控加工仿真系统的登录界面

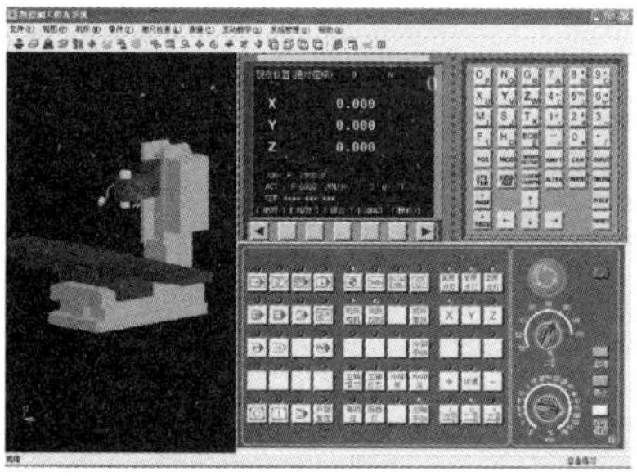

图 2-15　数控加工仿真系统的操作面板

2）激活机床。释放急停按钮，按下机床操作面板上的“启动”按钮。

3）机床回参考点。按下“回参考点”按钮，依次完成各轴回参考点操作。

4）安装零件。选择菜单栏中的“零件”→“定义毛坯”命令，弹出“定义毛坯”对话框，在“定义毛坯”对话框中选择毛坯形状与尺寸，长 100mm×宽 80mm×高 20mm，完成后，单击“确定”按钮。

选择“零件”→“放置零件”命令，在“选择零件”对话框中选择名称为“毛坯 1”的零件，单击“安装零件”按钮，界面上出现控制零件移动的小键盘（图 2-16），可以通过小键盘移动零件，使毛坯的伸出端满足加工零件的长度要求。单击小键盘上的“退出”按钮，关闭小键盘，完成零件的安装。

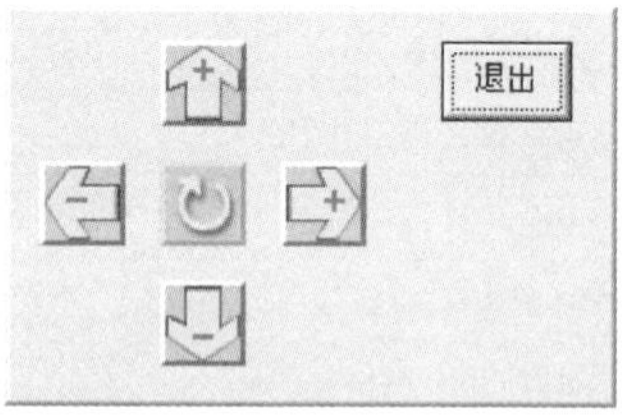

图 2-16　移动零件小键盘

5）安装刀具。选择“机床”→“刀具选择”命令，弹出图 2-17 所示的“选择铣刀”对话框，在“所需刀具直径”文本框和“所需刀具类型”列表框中筛选所需刀具，然后单击“确认”按钮，完成刀具的安装。

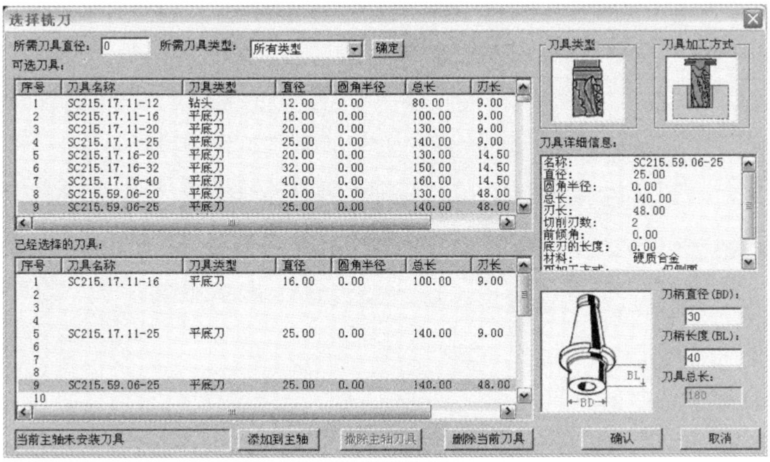

图 2-17　“选择铣刀”对话框

6）对刀操作。数控加工一般按工件坐标系编程，对刀的过程就是建立工件坐标系与机床坐标系之间关系的过程。

① X 方向对刀。按机床操作面板中的“手动”按钮，进入“手动”方式，单击 MDI 键盘上的 POS 功能键，使 CRT 界面上显示坐标值。按坐标轴按钮和正方向或负方向移动按钮“+”“-”，将刀具移至工件左侧。选择菜单栏中的“塞尺检查→1mm”命令，在工件与刀具之间放入塞尺。

微量调节工件与刀具之间的相对位置。将操作方式切换成手轮方式，按下机床操作面板上的“手动脉冲”按钮，单击“显示手轮”按钮，将手轮对应轴旋钮置于 X 档，调节手轮进给速度旋钮，在手轮上单击或右击精确移动靠棒，至提示信息对话框显示“塞尺检查的结果：合适”即可。

按 MDI 键盘上的“参数补偿”功能键，按［坐标系］软键，进入坐标系参数设定页面，移动光标至与刀位号相对应的位置（G54），输入刀具当前位置时工件坐标系的坐标值，即“X-58”，这里的－58＝－(基准棒半径 7mm＋塞尺厚度 1mm＋毛坯长度的一半 50mm 偏移量)，再按［测量］软键，系统自动计算并输入 X 轴的 G54 坐标值。

② Y 方向对刀。参照 X 方向对刀的方法，将基准棒移到工件的前侧，选择菜单栏中的“塞尺检查”→“1mm”命令，在工件与基准棒之间放入塞尺，然后用手轮调整到“塞尺检查的结果：合适”即可。

按 MDI 键盘上的“参数补偿”功能键，按［坐标系］软键，进入坐标系参数设定页面，移动光标至 G54，按［操作］软键，输入刀具当前位置时工件坐标系的坐标值，即“Y-48”，这里的－48＝－(基准棒半径 7mm＋塞尺厚度 1mm＋毛坯宽度的一半 40mm)，再按［测量］软键，系统自动计算并输入 Y 轴的 G54 坐标值。

③ Z 方向对刀。安装刀具，将刀具移动到工件的上方，选择菜单栏中的“塞尺检查”→“1mm”命令，在工件与基准棒之间放入塞尺，然后用手轮调整到“塞尺检查的结果：合

适”即可。

按MDI键盘上的“参数补偿”功能键，按［坐标系］软键，进入坐标系参数设定页面，移动光标至G54，按［操作］软键，输入刀具当前位置时工件坐标系的坐标值，即“Z1”，再按［测量］软键，系统自动计算并输入Z轴的G54坐标值。

7）编辑程序。在机床操作面板上按“编辑”按钮，进入编辑状态，按MDI键盘上的“程序”功能键进入程序编辑状态，按MDI键盘上的地址功能键，输入程序名“O1”，按“插入”功能键输入程序，按“结束符”功能键换行，按“插入”功能键输入整段程序。

8）设置刀具半径补偿值

按MDI键盘上的“参数补偿”功能键，按［补正］软键，进入工具补正设定页面，在“形状（D）”中设置刀具半径补偿值，如图2-18所示。

图2-18　设置刀具半径补偿值

9）模拟轨迹。按机床操作面板上的“自动运行”按钮，按MDI键盘上的“轨迹”功能键，系统进入检查运行轨迹模式，按机床操作面板的“循环启动”按钮，显示程序轨迹，操作视图工具栏，查看图形轨迹，如图2-19所示。

10）模拟仿真加工。按机床操作面板上的“循环启动”按钮，完成零件的自动运行加工，如图2-20所示。

11）仿真检测零件。选择菜单栏中的“测量”→“剖面图测量”命令，弹出“测量”对话框。在“选择测量的平面”选项区域中，调整测量平面的位置，然后根据测量的部位，可以设置“测量工具”“测量方式”“调节工具”等选项参数，如图2-21所示。

【检测与评价】

根据任务完成情况填写评价表（2-14）。

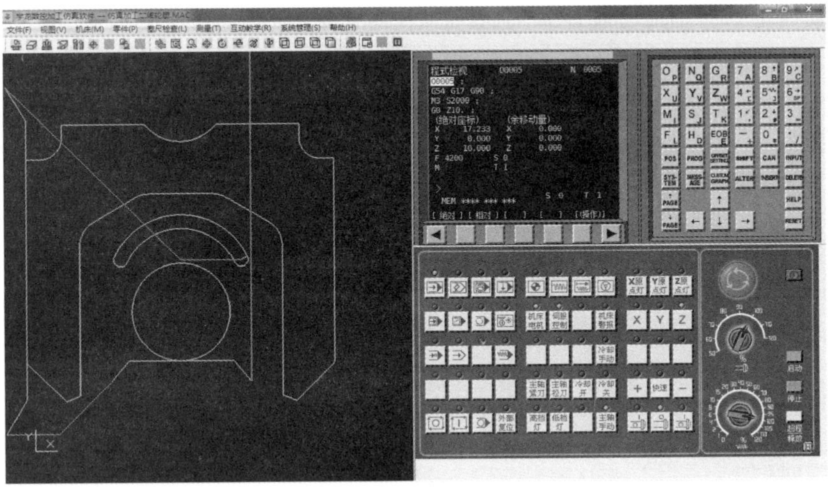

图 2-19　程序运行轨迹

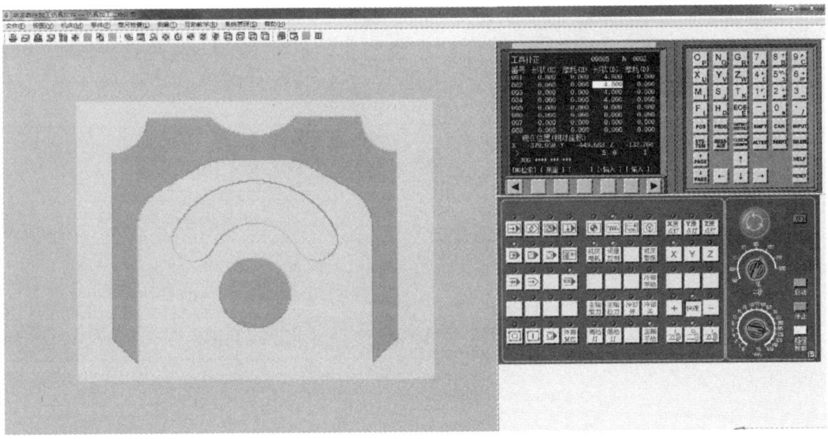

图 2-20　自动加工零件

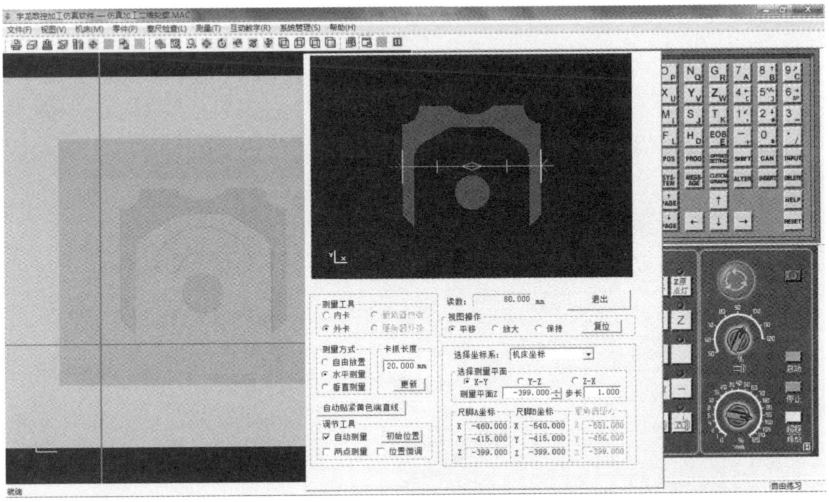

图 2-21　仿真检测零件

表 2-14　圆弧槽综合铣削加工评价表

序号	考核项目	考核内容及要求	配分/分	评分标准	检测结果	得分
1	加工准备	装夹方案设计合理	5	每处不合理扣 1 分		
2		工具清单完整	5	每缺一项扣 2 分		
3		安装找正方法正确	5	每错一处扣 2 分		
4	尺寸精度	$80^{+0.06}_{0}$mm	10	超差不得分		
5		$\phi20^{+0.06}_{0}$mm	10	超差不得分		
6		$5^{+0.05}_{0}$mm	10	超差不得分		
7		$3^{+0.05}_{0}$mm	10	超差不得分		
8	表面粗糙度	$Ra3.2\mu m$	10	超差不得分		
9	垂直度	⊥ 0.05 *B*	5	超差不得分		
10	文明生产	文明生产，符合安全生产规程	5	不符合要求酌情扣分		
11		加工工艺及操作方法正确	5	不符合要求酌情扣分		
12	工具、设备的使用与维护	正确、规范使用工具和量具，合理维护与保养工具和量具	5	不符合要求酌情扣分		
13		正确、规范使用设备，合理保养与维护设备	5	不符合要求酌情扣分		
14		操作姿势正确，动作规范	5	不符合要求酌情扣分		
15	完成时间		5	每超时 10min 扣 1 分；超时 30min 为不合格		
总配分			100	总得分		

项目三

孔铣削编程与加工

教学目标

1. 掌握孔加工编程指令。
2. 熟练应用孔加工编程指令编写程序。

任务一　通孔铣削编程与加工

学习目标

知识目标

- 掌握孔加工编程指令的格式。
- 理解孔加工编程指令中各参数的含义。

技能目标

- 能用孔加工循环指令编写程序。
- 会查阅钻孔刀具的切削参数。

【工作任务】

分析零件图 3-1，通过所学的数控铣削加工编程知识，利用孔加工指令 G81、G80 等，确定通孔的加工方法，并编写加工程序，毛坯尺寸为 100mm×70mm×30mm。

【相关知识】

在前面介绍的常用加工指令中，每一个 G 指令一般都对应机床的一个动作，需要用一个程序段来实现。为了进一步提高编程工作效率，FANUC 0i Mate-MD 数控系统中有固定循环功能，用一个 G 指令就可以完成例如典型孔加工中固定的、连续的多个加工动作。常用的孔加工固定循环指令能完成钻孔、攻螺纹和镗孔等加工。

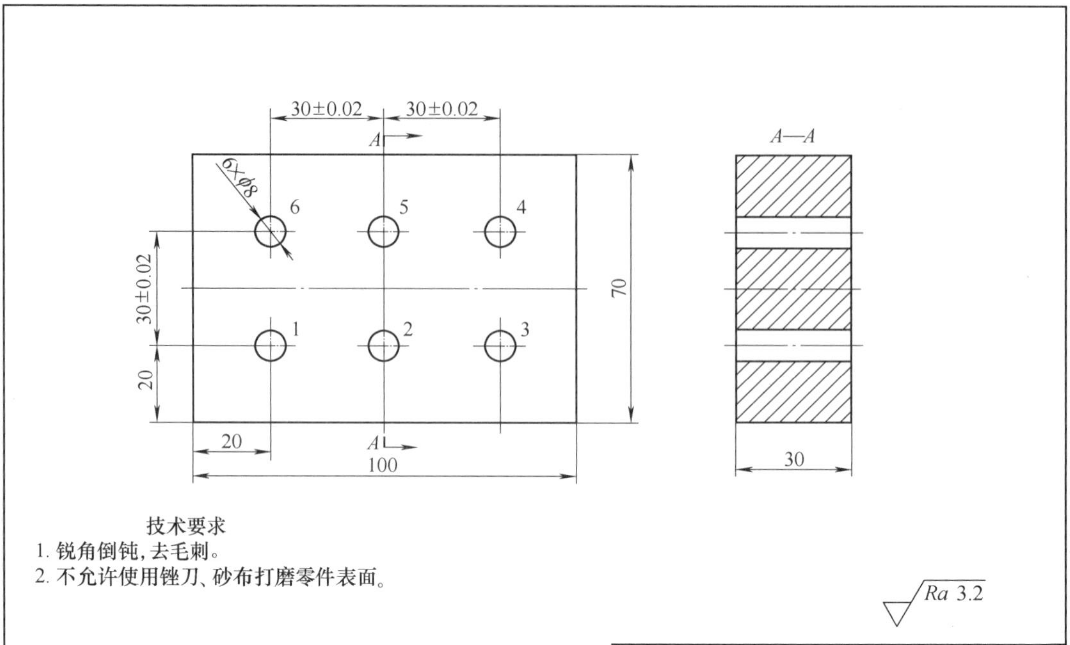

名称	图号	材料	完成时间
通孔零件		45 钢	45min

图 3-1　通孔加工

一、固定循环的动作组成

如图 3-2 所示，固定循环动作的顺序可分解为如下五个步骤：

1）刀具在 XY 平面内快速定位到孔中心的上方。

2）刀具快速运动到 R 平面。

3）孔的切削加工动作。

4）孔底动作。

5）刀具返回动作。

图 3-2 中的实线表示切削进给运动，虚线表示快速运动。R 平面为在孔口时快速运动与进给运动的转换高度。

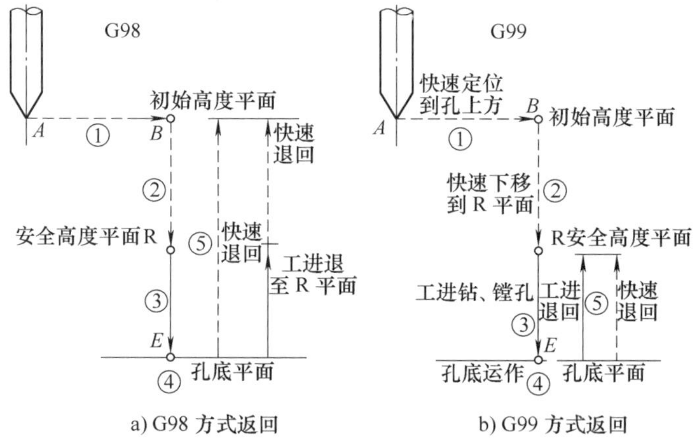

图 3-2　固定循环动作顺序

二、固定循环指令 G98

指令格式：

G98（G99）G73~G89 X_　Y_　Z_　R_　Q_　P_　F_　K_

其中，G90(G91）为格式中所有坐标的给出方式，G90 为绝对坐标，G91 为增量坐标；G98(G99）为定义孔加工完后的刀具的返回方式，G98 指令是返回初始平面，G99 则是返回参考 R 平面。当某孔加工完后还要继续加工同类孔时，为了节省抬刀时间，一般使用 G99 指令；当全部同类孔都加工完成后，或孔间有比较高的障碍需跳跃（夹具、工件的凸台等)，才使用 G98 指令；G73～G89 为孔加工方式指令，应根据不同加工情况合理地选择；X、Y 在绝对编程时是孔中心在 XY 平面内的坐标，增量编程时是孔中心在 XY 平面内相对于起点的增量值；Z 为孔底的 Z 坐标，绝对编程时为孔底的 Z 坐标，增量编程时为 R 平面到孔底平面的 Z 坐标的增量值。该位置所在的平面常被称为孔底平面；R 为安全平面的 Z 坐标，绝对编程时为 R 平面的绝对 Z 值，增量编程时为从初始平面到 R 平面的 Z 坐标的增量值，该位置所在的平面常被称作 R 平面。R 平面一般选在距零件孔口表面 3～5mm 的位置上；Q 是在 G73、G83 指令的间歇进给方式中每次向下的加工深度；在 G76、G87 指令的进给方式中，为横向（X 或 Y 向）的退刀量；P 为孔底停留时间，用整数表示，单位为 1ms；F 为进给速度；K 为重复加工的次数，K＝1 可不写，K＝0 将不执行加工指令，仅存储加工数据。

上述固定循环中的指令数据，不一定都写，根据需要可省去若干地址符。固定循环指令是模态指令，一旦指定，持续有效，直到被另一个固定循环指令替代，或被 G80 指令取消，也可以用 01 组 G 代码取消固定循环指令。

三、循环方式的说明

1. 钻孔循环指令 G81、G82

指令格式：

```
G81  X_  Y_  Z_  R_  F_  K_
G82  X_  Y_  Z_  R_  P_  F_  K_
```

G81 指令与 G82 指令都可用于一般钻孔加工循环，动作过程类似，均为快速返回，如图 3-3 所示。G81 指令常用于一般钻孔循环、定点钻；G82 指令中的刀具在孔底可以停留（停留时间由地址符 P 指定)，能确保孔底平整，得到准确的孔深尺寸，使加工表面更加光滑，除用于钻孔循环外，常用于锪孔、镗台阶孔。

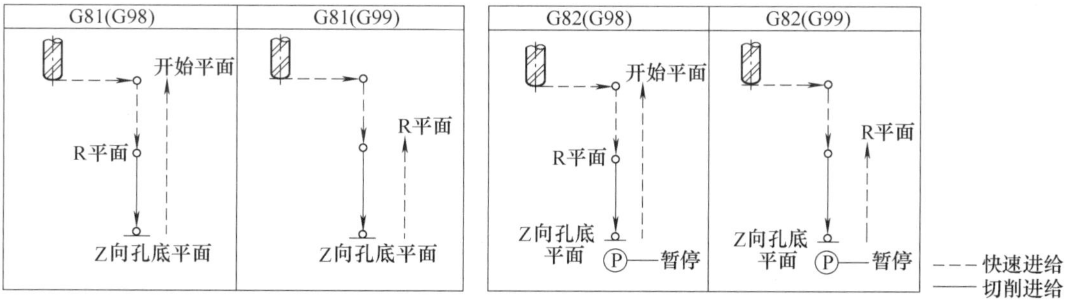

a) G81 浅孔加工　　b) G82 锪孔加工

图 3-3　钻孔循环指令循环动作

2. 深孔钻削循环指令 G73、G83

指令格式：

G73　X_　Y_　Z_　R_　Q_　F_　K_

G83　X_　Y_　Z_　R_　Q_　F_　K_

G73 指令与 G83 指令都可用于深孔钻削加工循环，循环动作如图 3-4 所示。G73 指令是高速深孔钻削循环指令，它执行间歇进给直到孔的底部时，才快速返回，因此，钻削深孔的效率较高；G83 指令每次执行间歇进给时，都要快速返回到 R 平面，因此，钻削深孔时的排屑性能好。

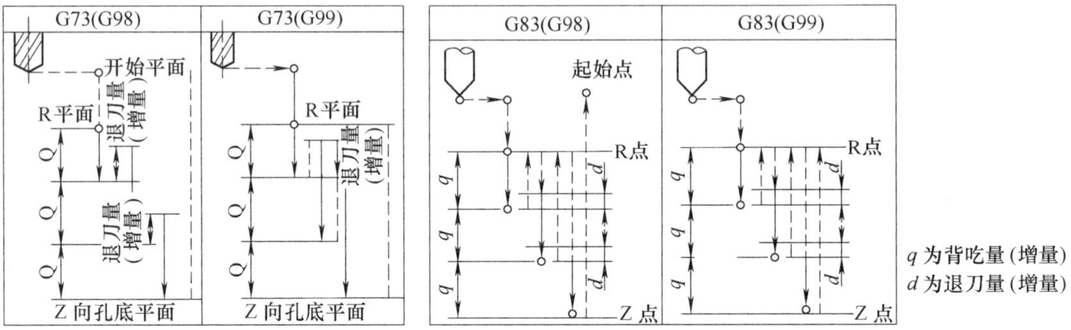

a) G73 高速深孔加工　　b) G83 强化排屑深孔加工

图 3-4　深孔钻削循环指令循环动作

3. 攻螺纹循环指令 G74 与 G84

指令格式：

G74　X_　Y_　Z_　R_　P_　F_　K_

G84　X_　Y_　Z_　R_　P_　F_　K_

G74 指令用于左旋攻螺纹循环加工，执行该指令前，主轴要先反转。当到达孔底时，主轴要正转，然后以进给速度返回，如图 3-5 所示。G84 指令用于右旋攻螺纹循环加工，G84

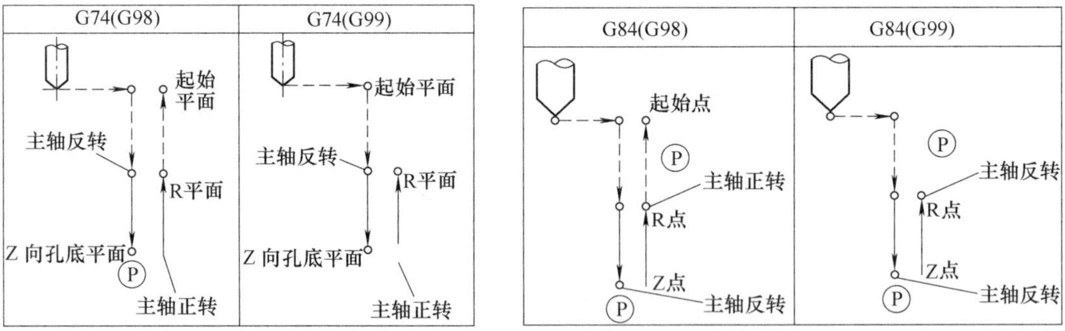

a) G74 左旋螺纹加工　　b) G84 右旋螺纹加工

图 3-5　攻螺纹循环指令循环动作

指令中的主轴旋转方向与 G74 指令的相反，其他均和 G74 相同。攻螺纹循环时，进给速度 F = 主轴转速 n(r/min) × 螺距 P(mm) 。R 平面最好选在距孔口表面 5mm 以上的位置。攻螺纹循环中进给倍率不起作用，进给保持只能在返回动作结束后执行。

4. 镗孔循环指令 G76、G85、G86、G87、G88、G89

(1) 精镗循环指令 G76

指令格式：

G76　X_　Y_　Z_　R_　Q_　P_　F_　K_

G76 指令用于精镗循环加工，镗削到孔底时，主轴执行准停，并沿刀尖反方向偏离已加工表面 Q 值，再抬刀退出，如图 3-6 所示。这样可以高精度、高效率地完成孔的加工而不损伤已加工表面。刀具的横向偏移量由地址符 Q 指定，Q 总是正值，移动方向由系统参数设定。

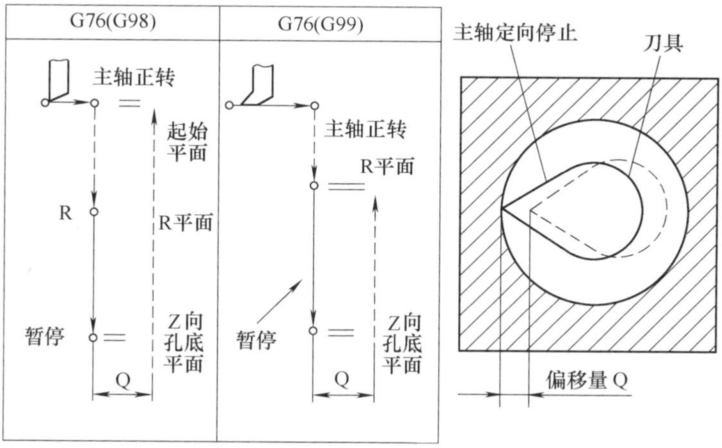

图 3-6　精镗循环指令循环动作

(2) 镗孔循环指令 G85、G89

指令格式：

G85　X_　Y_　Z_　R_　F_　K_

G89　X_　Y_　Z_　R_　P_　F_　K_

如图 3-7 所示，G85 指令的指令格式与 G81 指令类似，但在 G85 指令中返回时为切削进给方式，可用于精度要求不太高的孔的精加工。G89 指令与 G85 指令的动作类似，返回时也是切削进给方式，但 G89 指令在孔底可以停留（停留时间由地址符 P 指定），如图 3-8 所示，因此，G89 指令常用于精度要求不太高的阶梯孔、不通孔的精加工。

(3) 粗镗循环指令 G86

指令格式：

G86　X_　Y_　Z_　R_　F_　K_

G86 指令的指令格式、循环动作与 G81 指令类似，均为快速返回，如图 3-9 所示，但 G86 指令进刀到孔底后主轴停转，快速返回到 R 平面或初始平面后，主轴重新起动，由于退刀前没有让刀动作，快速返回时可能划伤已加工表面，因此，常用于粗镗加工。

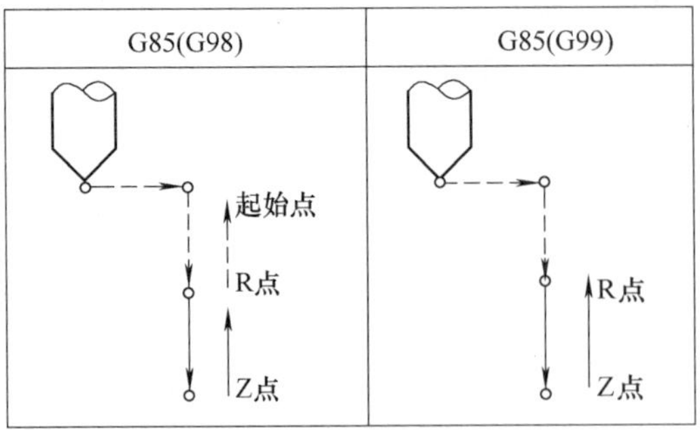

图 3-7　G85 指令循环动作

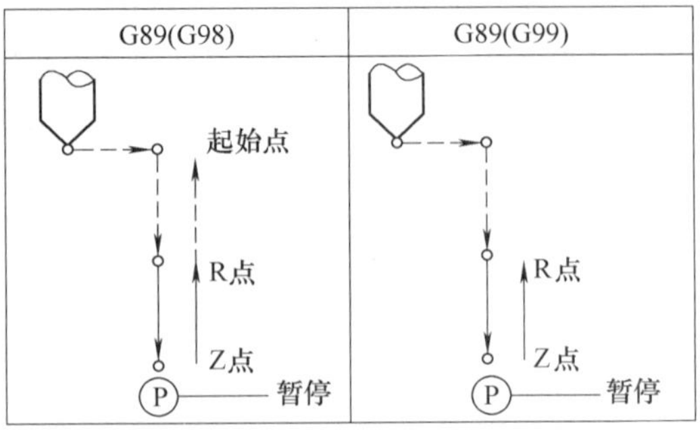

图 3-8　G89 指令循环动作

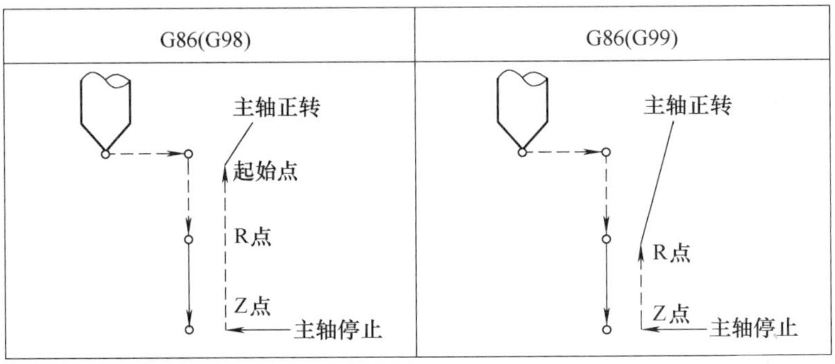

图 3-9　粗镗循环指令循环动作

（4）背镗循环指令 G87

指令格式：

G87　X_　Y_　Z_　R_　Q _　P_　F_　K_

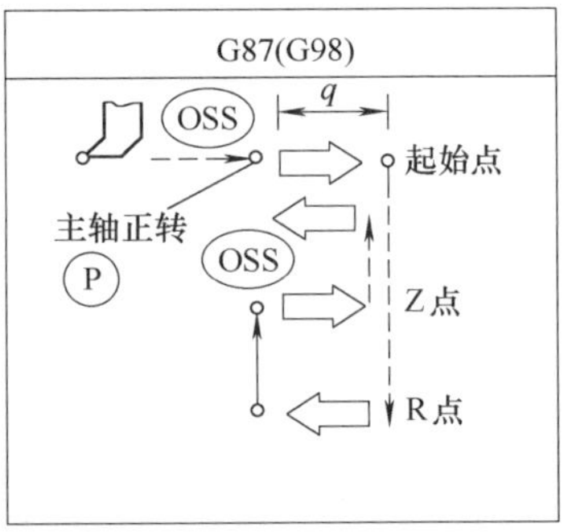

图 3-10　背镗循环指令循环动作

如图 3-10 所示，数控系统在执行 G87 指令时，刀具沿 X、Y 方向定位后，主轴准停，刀具以刀尖反方向横向偏移一个 q 值（由地址 Q 给定），并快速下行到 R 平面高度。在 R 平面处，刀具沿刀尖的正方向偏移相同的 q 值，主轴正转，刀具沿 Z 轴正方向一直向上加工到孔底平面高度。在这个位置上，主轴再次准停，刀具又沿刀尖反方向偏移，然后向孔的上方快速移出，返回到初始平面后，刀具再沿刀尖的正方向偏移相同的 q 值，主轴正转，继续执行下一个程序段。因为在执行背镗循环指令时，R 平面（安全平面）在孔底，所以该循环不能使用 G99 指令。背镗循环指令经常用于“口小肚大”的内孔加工。

（5）手动镗孔循环指令 G88

指令格式：

G88　X_　Y_　Z_　R_　P_　F_　K _

如图 3-11 所示，数控系统执行 G88 指令进行镗孔时，加工到孔底后暂停，主轴停止转动，自动转换为手动状态，手动将刀具从孔中退出到返回点平面后，主轴正转，再转入下一个程序段自动加工。

需要注意的是，在使用固定循环指令前，必须使用 M03 或 M04 指令起动主轴；在程序段中，X、Y、Z 或 R 指令数据应至少有一个，才能进行孔循环加工；在使用带控制主轴回转的固定循环（如 G74、G84、G86 指令等）中，如果连续加工的孔间距较小，或孔口平面到 R 平面（或初始平面）的距离比较短时，容易出现在进入孔的正式加工前，主轴转速还没有达到正常转速的情况，会影响加工效果，应在各孔加工动作间插入 G04 指令，以获取足够的时间使主轴恢复到正常的转速。

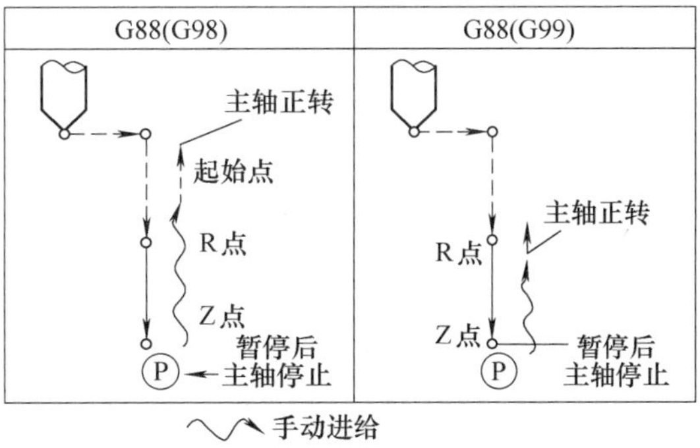

图 3-11　手动镗孔循环指令循环动作

【任务实施】

1. 识读零件图

读到的信息见表 3-1。

表 3-1　通孔加工零件图信息

识读内容	获得的信息
零件名称	通孔零件
零件材料	45 钢
该图样采用的视图	剖视图
零件形状	板类
零件图中的重要尺寸	30±0. 02mm、ϕ8mm、20mm
表面粗糙度要求	*Ra*3. 2μm

2. 选择刀具

依据图样要求，选择直径为 ϕ3mm 的中心钻、ϕ8mm 的麻花钻。

3. 确定切削的起点、终点及加工路线

零件上孔间距有较高的定位精度，为防止丝杠反向间隙对各孔定位精度的影响，应按照定位准确原则安排加工路线，如图 3-12 所示，先从起刀点 *A* 出发，依次加工 1~4 号孔，之后抬刀至初始平面，快速折返至起刀点 *B*，再沿 X 轴的正方向加工 6 号和 5 号孔。为保证孔壁加工完整，本任务中的孔深设定为超出板厚 5mm，如图 3-13 所示。

4. 工件装夹方式

根据工件外形和大小，采用机用平口钳装夹，下面垫等高垫块，工件伸出长度为 6~8mm，在工件上表面几何中心点建立工件坐标系。

5. 确定切削用量

具体内容见表 3-2。

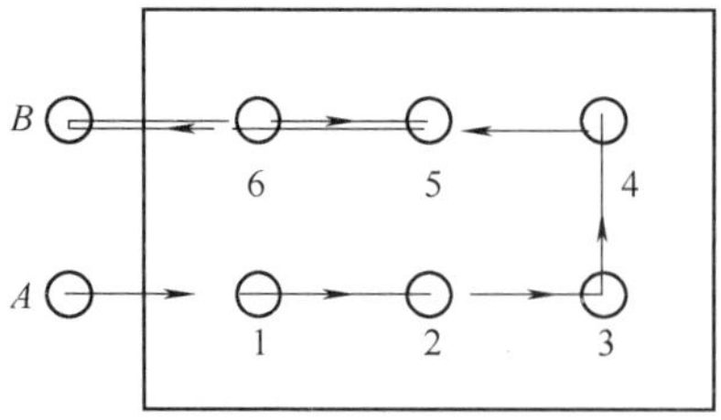

图 3-12　通孔加工的加工路线

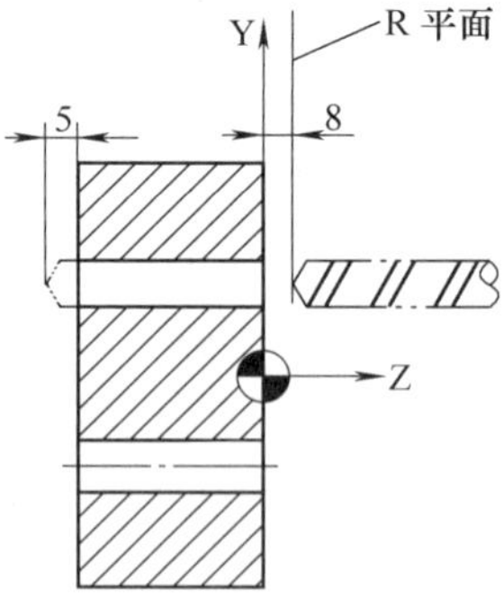

图 3-13　安全平面及孔深的超出量

表 3-2　通孔加工切削用量

刀具	工作内容	进给速度 v_f/(mm/min)	主轴转速 n/(r/min)
ϕ3mm 中心钻 T01	钻中心孔	80	800
ϕ8mm 麻花钻 T02	钻通孔	60	600

6. 编写参考程序

为了满足图样技术要求，简化编程指令，本任务的工件坐标系的设定与图样的设计基准重合，选取零件的左下角点为工件坐标系原点。通孔加工参考程序见表 3-3。

表 3-3　通孔加工参考程序

程序内容	程序说明
O3101	程序名
N10 G54 G17 G49 G40 G80 G90	设定工件坐标系
N20 M06 T01	换 T01 号刀具（直径为 ϕ3mm 中心钻）
N30 M03 S800	主轴正转，转速为 800r/min
N40 G00 X-20 Y20	刀具快速定位至起刀点 *A*
N50 G00 G43 Z50 H01 M08	抬刀至初始平面，建立刀具长度补偿，切削液开
N60 G99 G81 X20 Y20 Z-5 R8 F80	中心钻加工 1 号孔
N70 X50	中心钻加工 2 号孔
N80 X80	中心钻加工 3 号孔
N90 G98 Y50	中心钻加工 4 号孔，结束后刀具返回初始平面
N100 G00 X-20 Y50	取消孔加工循环，刀具快速定位至起刀点 *B*
N110 G99 G81 X20 Y50 Z-5 R5 F60	中心钻加工 6 号孔
N120 G98 X50	中心钻加工 5 号孔，结束后刀具返回初始平面
N130 G80 M05 M09	取消钻孔循环，切削液关
N140 G91 G28 Z0	刀具返回 Z 向参考点
N150 M06 T02	换 T02 号刀具（直径为 ϕ8mm 麻花钻）
N160 M03 S600	主轴正转，转速为 600r/min
N170 G00 X-20 Y20	刀具快速定位至起刀点 *A*

（续）

程序内容	程序说明
N180 G00 G43 Z50 H02 M08	抬刀至初始平面，建立刀具长度补偿，切削液开
N190 G99 G83 X20 Y20 Z-35 R5 Q3 F60	麻花钻深孔钻削 1 号孔
N200 X50	麻花钻深孔钻削 2 号孔
N210 X80	麻花钻深孔钻削 3 号孔
N220 G98 Y50	麻花钻深孔钻削 4 号孔，结束后刀具返回初始平面
N230 G00 X-20 Y50	取消孔加工循环，刀具快速定位至起刀点 *B*
N240 G99 G81 X20 Y50 Z-35 R5 F120	麻花钻深孔钻削 6 号孔
N250 G98 X50	麻花钻深孔钻削 5 号孔，结束后刀具返回初始平面
N260 G80 M05 M09	取消钻孔循环，切削液关
N270 G91 G28 Z0	刀具返回 Z 向参考点
N280 M30	程序结束

【检测与评价】

根据任务完成情况填写评价表（表 3-4）。

表 3-4　通孔加工评价表

序号	考核项目	考核内容及要求	配分/分	评分标准	检测结果	得分
1	加工准备	装夹方案设计合理	15	每处不合理扣 1 分		
2		工具清单完整	10	每缺一项扣 2 分		
3		安装找正方法正确	15	每错一处扣 2 分		
4	尺寸精度	30±0. 02mm	30	超差不得分		
5	文明生产	文明生产，符合安全生产规程	5	不符合要求酌情扣分		
6		加工工艺及操作方法正确	5	不符合要求酌情扣分		
7	工具、设备的使用与维护	正确、规范使用工具和量具，合理维护与保养工具和量具	5	不符合要求酌情扣分		
8		正确、规范使用设备，合理保养与维护设备	5	不符合要求酌情扣分		
9		操作姿势正确，动作规范	5	不符合要求酌情扣分		
10	完成时间		5	每超时 10min 扣 1 分，超时 30min 为不合格		
总配分			100	总得分		

【知识拓展】

数控铣削加工中使用的孔加工刀具包括麻花钻、扩孔钻、锪孔钻、铰刀、镗刀、丝锥以及螺纹铣刀等。

1. 麻花钻

在数控镗铣床上钻孔，麻花钻是应用最广泛的加工刀具，尤其是加工直径为 ϕ30mm 以下的孔时，常使用普通麻花钻。麻花钻多用高速工具钢制成，也有硬质合金材料的。麻花钻的结构如图 3-14 所示，麻花钻的切削部分有两个主切削刃、两个副切削刃和一个横刃。两个螺旋槽是切屑流经的表面，为前刀面；与工件过渡表面（即孔底）相对的端部两曲面为主后刀面；与工件已加工表面（即孔壁）相对的两条刃带为副后刀面。前刀面与主后刀面的交线为主切削刃，前刀面与副后刀面的交线为副切削刃，两个主后刀面的交线为横刃。横刃保证了麻花钻的轴向进给切削功能。两条主切削刃在与其平行的平面内的投影之间的夹角为顶角，标准麻花钻的顶角为 118°。

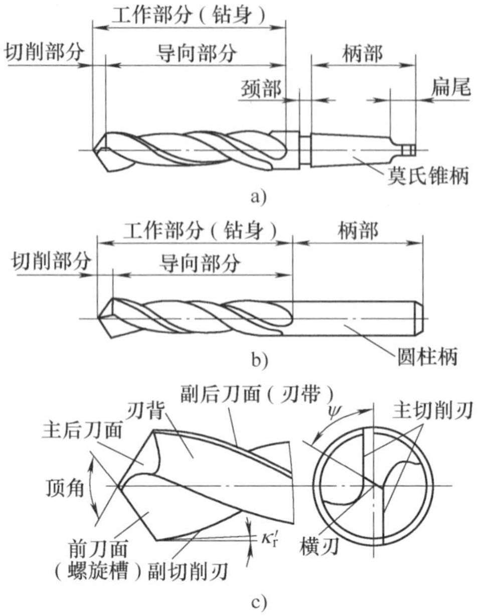

图 3-14　麻花钻的结构

麻花钻的柄部有莫氏锥柄和圆柱柄两种形式。直径为 $\phi8\sim\phi80$mm 的麻花钻多为莫氏锥柄，可直接装在带有莫氏锥孔的刀柄内，刀具长度不能调节。直径为 $\phi0.1\sim\phi20$mm 的麻花钻多为圆柱柄，可装在钻夹头刀柄上。在数控铣床和加工中心上钻孔，因无夹具钻模导向，受两切削刃上切削力不对称的影响，容易引起孔的偏斜，故钻孔前一般先用中心钻钻定位孔。

钻削直径在 $\phi20\sim\phi60$mm、孔的深径比不大于 3 的中等浅孔时，可选用图 3-15 所示的可转位式浅孔钻，这种钻头具有刀片可集中刃磨，刀杆刚性较好，允许的切削速度高，切削效率高及加工精度高等特点，最适合于箱体零件的钻孔加工。为延长刀具的使用寿命，可以在刀片上涂镀碳化钛（TiC）涂层。使用这种钻头钻箱体孔，可比普通麻花钻的效率提高 4~6 倍。

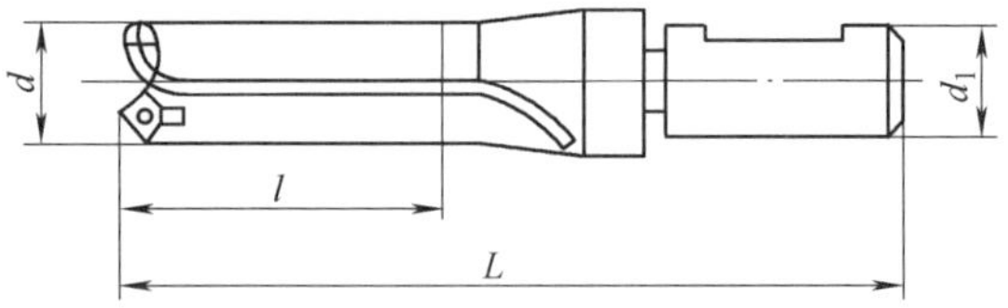

图 3-15　可转位式浅孔钻

钻削深径比为 5~100 的深孔时，由于加工中散热差，排屑困难，钻杆刚性差，易使刀具损坏和引起孔的轴线偏斜，影响加工精度和生产率，故应选用深孔刀具加工。

2. 扩孔钻

扩孔钻可用来扩大孔径，提高孔的加工精度，一般用于孔的半精加工或最终加工。用扩孔钻扩出的孔的公差等级可达 IT10~IT11，表面粗糙度 Ra 值可达 3.2~6.3μm。扩孔钻与麻花钻结构相似，但齿数较多，一般为 3~4 个齿。扩孔钻加工余量小，主切削刃较短，无须延伸到中心，无横刃，加之齿数较多，所以导向性好，切削过程平稳。另外，扩孔钻的容屑槽浅，刀体的强度和刚性好，可选择较大的切削用量。扩孔钻的加工质量和生产率均比麻花钻高。

3. 铰刀

铰孔是用铰刀对完成粗加工的孔进行精加工，也可用于磨孔或研孔前的预加工。铰孔只能提高孔的尺寸精度和形状精度，减小表面粗糙度值，而不能提高孔的位置精度。因此，对于精度要求高的孔，在铰削前应先进行减少和消除位置误差的预加工，才能保证铰孔质量。

通用标准铰刀有直柄、锥柄和套式三种形式，如图 3-16 所示。锥柄铰刀直径为 ϕ10～ϕ32mm，直柄铰刀直径为 ϕ6～ϕ20mm，小孔直柄铰刀直径为 ϕ1～ϕ6mm，套式铰刀直径为 ϕ25～ϕ80mm。铰刀工作部分包括切削部分与校准部分。切削部分为锥形，担负主要切削工作，切削部分的主偏角为 5°～15°，前角一般为 0°，后角一般为 5°～8°。校准部分的作用是找正孔径、修光孔壁和导向。校准部分包括圆柱部分和倒锥部分，圆柱部分保证铰刀直径尺寸、便于测量，倒锥部分可减少铰刀与孔壁的摩擦，减小孔径扩大量。

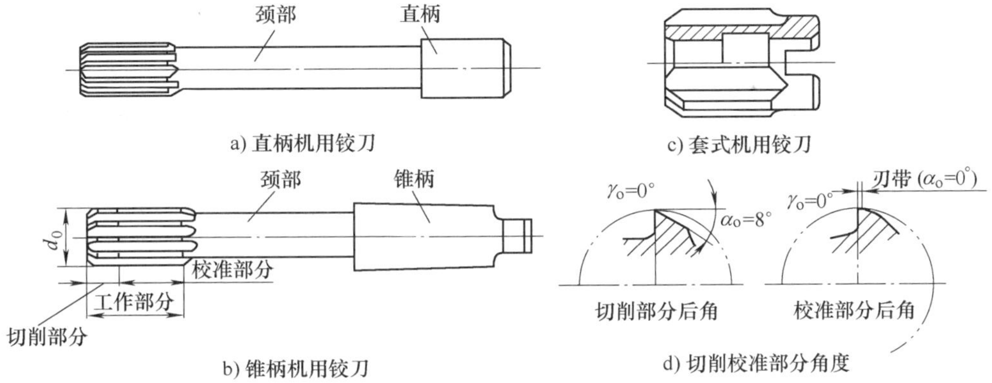

图 3-16 铰刀类型与结构

通用标准铰刀，其铰孔加工公差等级一般可达 IT8～IT9，孔的表面粗糙度 *Ra* 值可达 0.8～1.6μm。标准铰刀有 4～12 齿，铰刀的齿数除了与铰刀直径有关外，主要根据加工精度的要求选择。齿数对加工表面粗糙度值的影响并不大。齿数过多，刀具的制造和重磨都比较麻烦，而且会因齿间容屑槽减小，而造成切屑堵塞和划伤孔壁，使铰刀折断的后果，齿数过少；则铰削时的稳定性差，刀齿的切削负荷增大，且容易产生形状误差。铰刀齿数可参照表 3-5 选择。

表 3-5 铰刀齿数的选择

铰刀直径/mm		1.5～3	3～4	14～40	>40
齿数	一般加工精度	4	4	6	8
	高加工精度	4	6	8	10～12

在加工中心上铰孔时，除使用普通的标准铰刀外，常采用机夹硬质合金刀片的单刃铰刀。这种铰刀寿命长，精度高铰削余量在 10μm 以下，铰孔的公差等级可达 IT5～IT7，表面粗糙度 *Ra* 值可达 0.7μm。对于有内冷却通道的单刃铰刀，允许切削速度为 80m/min。对于铰削公差等级为 IT6～IT7，表面粗糙度 *Ra* 值为 0.8～1.6μm 的大直径通孔，可选用专为加工中心设计的浮动铰刀。浮动铰刀加工精度稳定，刀具正常使用寿命是高速工具钢铰刀的 9～11 倍，且调整铰刀直径可铰削不同直径的孔，因而一把铰刀可当几把使用。

4. 镗刀

镗孔是数控镗铣床上的主要加工内容之一，它能精确地保证孔系的尺寸精度和几何精度，并纠正上一道工序的误差。在数控镗铣床上进行镗孔加工通常采用悬臂方式，要求镗刀有足够的刚性和较好的精度。

镗孔加工的公差等级一般可达 IT6～IT7，表面粗糙度 Ra 值可达 0.8～6.3μm。为适应不同的切削条件，镗刀有多种类型，按镗刀的切削刃数量可分为单刃镗刀和双刃镗刀。

1）单刃镗刀大多制成可调结构，其种类如图 3-17 所示。单刃镗刀刚性差，切削时易引起振动，所以镗刀的主偏角选得较大，以减少背向力。镗铸铁孔或精镗时，一般取主偏角 $\kappa_r=90°$；粗镗钢件孔时，取主偏角 $\kappa_r=60°\sim75°$，以延长刀具的使用寿命。一般通过调整单刃镗刀刀具的悬伸长度来保证加工尺寸，但调整过程烦琐，效率低，只能用于单件小批生产。单刃镗刀结构简单，适应性较广，粗、精加工都适用，因而应用广泛。

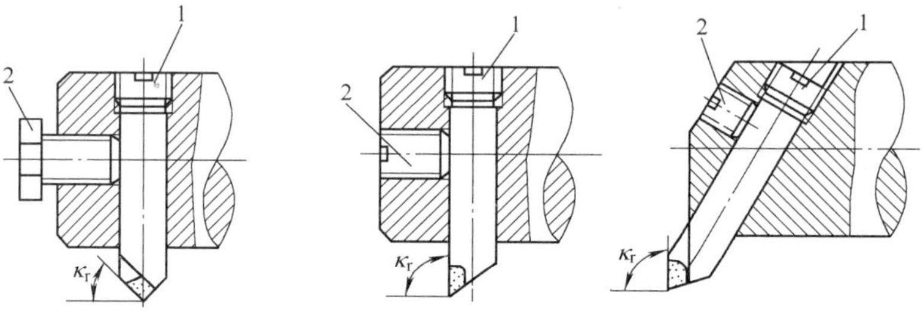

a) 通孔镗刀　b) 阶梯孔镗刀　c) 不通孔镗刀

图 3-17　单刃镗刀种类

1—调节螺钉　2—紧固螺钉

2）双刃镗刀就是镗刀的两端有一对对称的切削刃同时参与切削，可以消除背向力对镗杆的影响，工件孔径尺寸与精度由镗刀径向尺寸保证，且调整方便。与单刃镗刀相比，双刃镗刀的转速是单刃镗刀的两倍左右，且加工中不易产生振动，切削效率高。图 3-18 所示为近年来广泛使用的双刃机夹镗刀，其刀片更换方便，不需重磨，易于调整，镗孔的精度较高。

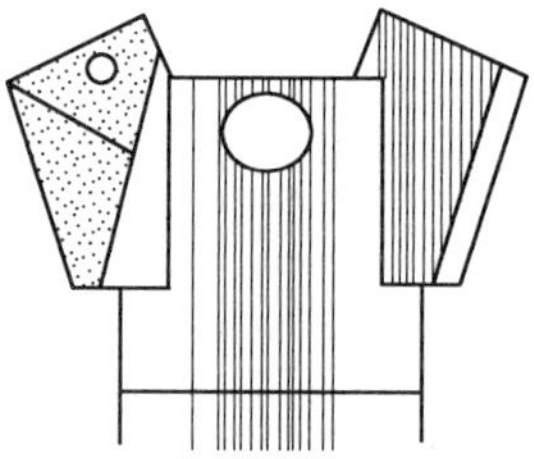

图 3-18　双刃机夹镗刀

任务二　阶梯孔铣削编程与加工

学习目标

知识目标

➢ 掌握镗孔指令的格式。

➢ 理解镗孔、铰孔加工指令各参数的含义。

技能目标

➢ 能用镗孔、铰孔加工循环指令编写程序。

➢ 会查阅钻孔刀具的切削参数。

能编写铣孔程序。

【工作任务】

分析图 3-19 所示阶梯孔零件图，通过所学的数控铣削加工编程知识，利用孔加工指令，确定阶梯孔的加工方法，并编写加工程序，毛坯尺寸为 100mm×100mm×30mm，中间有 ϕ22mm 的预制通孔。

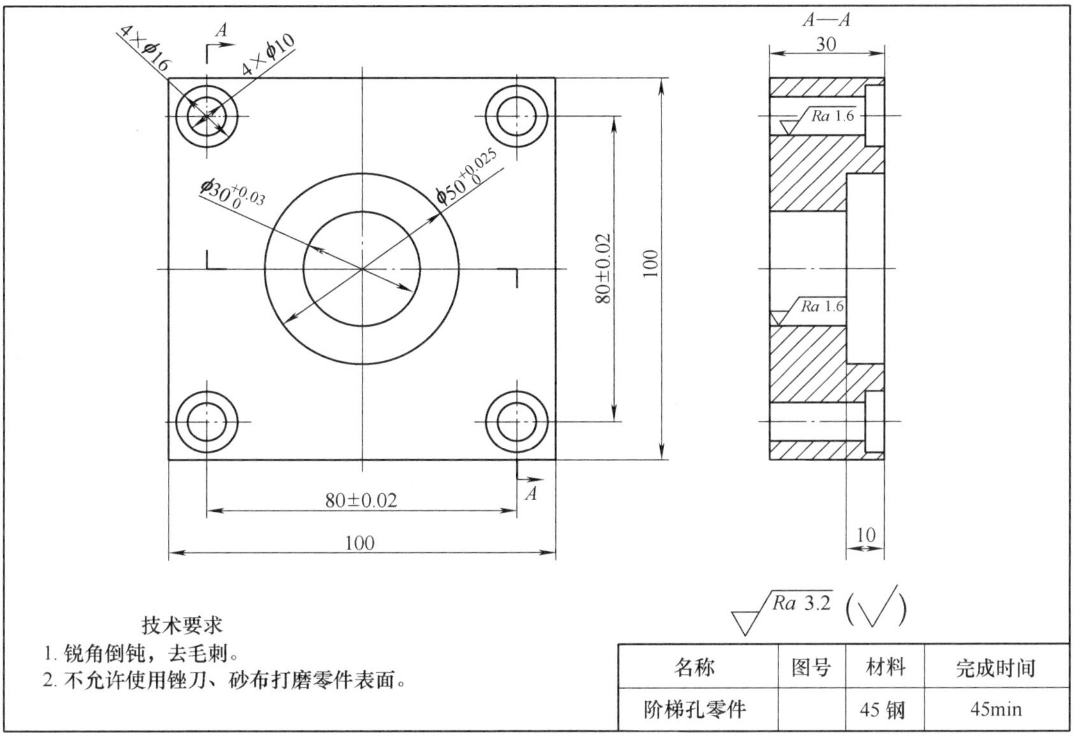

图 3-19　阶梯孔加工

【相关知识】

一、孔加工方法

孔加工的方法有钻孔、扩孔、铰孔、拉孔、磨孔以及光整加工等。应根据被加工孔径尺寸、精度要求、具体生产条件的不同选择适合的加工方法。在数控铣床上加工孔通常采用以下方案。

1）对于直径大于 ϕ30mm 的已铸出或锻出毛坯孔的加工，一般采用粗镗 → 半精镗 → 孔口倒角 → 精镗的加工方案。

2）孔径较大时采用立铣刀粗铣→精铣的加工方案。

3）孔中有空刀槽时，可用锯片铣刀在孔半精镗之后、精镗之前铣削完成，也可用单刃镗刀镗削，但单刃镗刀的镗削效率较低。

4）对于直径小于 ϕ30mm 无毛坯孔的加工，通常采用锪平端面→钻中心孔→钻孔→扩孔→孔口倒角→铰孔的加工方案。

5）对有同轴度要求的小孔，通常采用锪平端面→钻中心孔→钻孔→半精镗→孔口倒角→精镗（或铰）的加工方案。

6）螺纹孔加工。螺纹孔的加工依据孔径大小而定。一般情况下，直径为 M6～M20 的螺孔，通常采用攻螺纹方法加工；直径在 M6 以下的螺孔，因为在加工中心上攻螺纹不能随机控制加工状态，小直径丝锥容易折断，所以一般先在加工中心上完成底孔加工，再通过其他手段攻螺纹；直径在 M20 以上的螺孔，可采用镗刀镗削加工。

二、孔加工路线

在数控铣床和加工中心上操作的一个重要内容就是对各种类型的孔的加工，孔加工的加工路线直接影响着孔的加工质量和加工效率。

1. 定位迅速、空行程最短的加工路线

为提高生产率，应尽量缩短孔加工的加工路线，在刀具不和工件、夹具及机床碰撞的前提下，尽量减少刀具空行程的时间。如图 3-20a 所示零件，按照一般习惯应先加工均布于同一个圆周上的四个孔，然后加工均布于另一个圆周上的四个孔。但在数控机床上，刀具从一点运动到另一点时，通常是沿着 X、Y 轴同时快速运动。当两个方向移动的距离不等长时，短距离方向先停止，待长距离方向的运动停止后刀具才到达目标位置。因此，应按图 3-20b 所示路线进行加工，可使总加工路线缩短，节省近一半的加工时间，提高生产率。

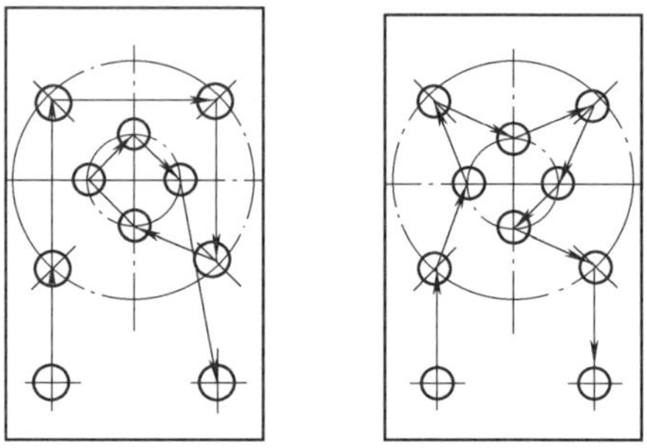

a) 空行程较长　　b) 空行程较短

图 3-20　定位迅速、空行程最短的孔加工路线

2. 定位准确、单向趋近的加工路线

对于点位控制的机床，只要求定位精度高，定位过程尽可能快，而刀具相对于工件的运动路线则无关紧要，因此这类机床应按空行程最短来安排加工路线。但对位置精度要求较高的孔系加工，在安排孔加工顺序时，还应注意各孔定位方向的一致性，即采用单向趋近定位的方法，以避免因带入机床进给机构的反向间隙而影响孔的位置精度。例如，镗削图 3-21a 所示零件上的四个孔，由于第四个孔与第一至第三个孔的定位方向相反，Y 方向反向间隙会使定位误差增加，从而影响第四个孔与其他孔的位置精度。按照图 3-21b 所示加工路线，加工完第三个孔后直接抬刀，然后沿 Y 轴正方向快速移动至点 *P*，再返回定位加工第四个孔，这样四个孔的定位方向一致，消除了机床的反向间隙，提高了四个孔的位置精度。

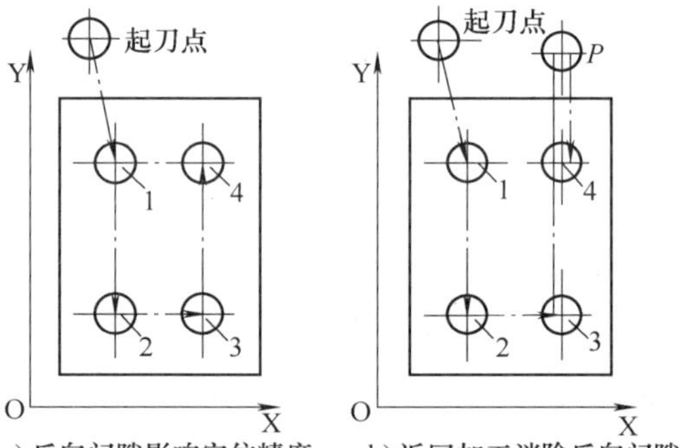

a) 反向间隙影响定位精度　　b) 返回加工消除反向间隙

图 3-21　定位准确的孔加工路线

3. 孔加工刀具在 Z 方向的进给路线

刀具在 Z 方向的进给路线分为快速移动进给路线和工作进给路线两种。刀具先从初始平面快速运动到距工件加工表面一定距离的 R 平面（快速进给转换为工作进给的平面）上，

然后按工作进给速度加工工件。图 3-22a 所示为加工单个孔时刀具的进给路线。

对于同一表面上的多孔加工，为减少刀具空行程进给时间，在加工中间孔时，刀具不必退回到初始平面，只要退到 R 平面上即可，其进给路线如图 3-22b 所示。在工作进给路线中，工作进给距离 Z_f 包括被加工孔的深度 H、刀具的切入距离 Z_a、切出距离 Z_o（加工通孔）以及钻头锥尖深度 T_t 等。

如图 3-23 所示，加工不通孔（封闭不通槽）时，刀具需要有一个切入距离 Z_a，则工作进给距离为 $Z_F=Z_a+H+T_t$；加工通孔（通槽或轮廓面）时，刀具需要有一个切出距离 Z_o，则工作进给距离为 $Z_F=Z_a+H+Z_o+T_t$，钻孔时一般取 $T_t=0.3d$（d 为钻头的直径），铣削通槽或轮廓面时，T_t 的值等于立铣刀端刃底圆角半径刀具的切入、切出距离的经验数据见表 3-6。

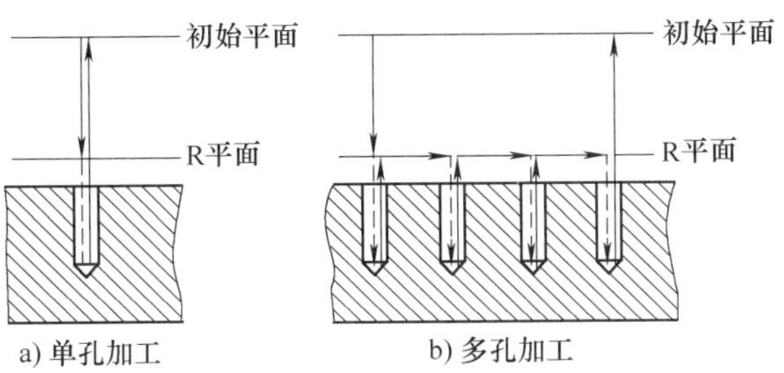

图 3-22　刀具 Z 向进给路线设计实例

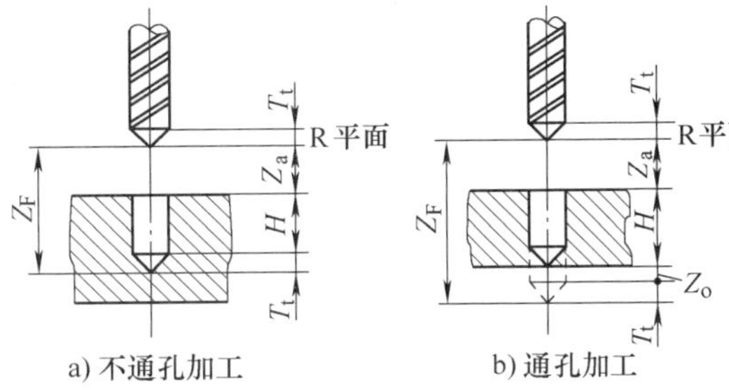

图 3-23　工作进给距离计算图

表 3-6　刀具切入、切出距离参考值　　（单位：mm）

加工方式＼表面状态	已加工表面	毛坯表面	加工方式＼表面状态	已加工表面	毛坯表面
钻孔	2～3	5～8	铰孔	3～5	5～8
扩孔	3～5	5～8	铣削	3～5	5～10
镗孔	3～5	5～8	攻螺纹	5～10	5～10

三、钻孔的精度及误差分析（表 3-7）

表 3-7　钻孔的精度及误差分析

出现问题	产生原因	对　策
孔大于规定尺寸	钻头的两个切削刃不对称，长度不一致	重新刃磨找正
	钻头本身的质量问题	改换钻头
	工件装夹不牢固，加工过程中工件松动或振动	夹紧工件，加工前仔细检查
	钻头装夹不好，主轴本身跳动量过大	1. 检测或重新选用合适的刀柄和夹套 2. 每次装夹钻头时，仔细检查与调整
孔壁粗糙	钻头不锋利	重新刃磨
	进给量过大	降低进给量
	切削液选用不当或供应不足	改换切削液；改变切削液供给方式，增加流量
	加工过程中，排屑不畅通	综合分析加工方法，切削条件及钻头类型，如不适合，及时调整

（续）

出现问题	产生原因	对　策
孔歪斜	工件夹紧后找正不正确，基本面与主轴不垂直	预钻中心孔
	进给量过大，使钻头弯曲变形	降低进给量
钻孔呈多边形或孔位偏移	对刀不正确	每次加工前正确对刀
	钻头角度不对	重新刃磨找正
	钻头的两个切削刃不对称，长度不一致	重新刃磨找正
孔心位置精度不好，孔心间距一致性差	1. 钻头装夹不好，主轴本身跳动量过大 2. 工件装夹不牢固	1. 检测或重新选用合适的刀柄和夹套 2. 找正主轴 3. 每次装夹钻头时，仔细检查与调整
	吃刀时产生偏差	1. 提高刀具与机床刚性 2. 提高工艺系统的刚性 3. 采用吃刀性好的钻头 4. 预钻中心孔
	进给速度过大	降低进给速度
	切削液供给不足	改变切削液供给方式，增加流量

【任务实施】

1. 识读零件图

读到的信息见表3-8。

表3-8　阶梯孔加工零件图信息

识读内容	获得的信息
零件名称	阶梯孔零件
零件材料	45钢
该图样采用的视图	剖视图
零件形状	板类
零件图中的重要尺寸	$\phi30^{+0.03}_{0}$mm、$\phi50^{+0.025}_{0}$mm、80±0.02mm
表面粗糙度要求	Ra1.6μm　Ra3.2μm

2. 选择刀具

依据图样要求，选择阶梯孔加工的刀具（表3-9）。

表3-9　阶梯孔加工所选刀具

序号	刀具号	刀具名称	刀具规格	刀具材料	备注
1	T01	中心钻	ϕ3mm	高速工具钢	
2	T02	麻花钻	ϕ8mm	高速工具钢	
3	T03	扩孔钻	ϕ9.8mm	高速工具钢	
4	T04	铰刀	ϕ10mm	高速工具钢	
5	T05	锪孔钻	ϕ16mm	高速工具钢	
6	T06	扩孔钻	ϕ26mm	高速工具钢	
7	T07	键槽铣刀	ϕ12mm	硬质合金	
8	T08	精镗刀	ϕ30mm	硬质合金	

3. 确定切削的起点、终点及加工路线

本任务中的零件对尺寸精度和表面质量都要求较高。由零件图可知，该零件孔的尺寸公差等级为 IT7，直径为 ϕ30mm 的通孔及四个直径为 ϕ10mm 的通孔的内表面粗糙度值为 Ra1. 6μm，必须用精铣或者精镗来保证图样要求的尺寸精度和表面质量。

1）四个直径为 ϕ10mm 的通孔加工。四个通孔内表面精度要求很高，因此需要最终用铰削来保证精度。因为孔径小，毛坯上没有预制孔，必须用钻头钻孔。首先用中心钻钻定位孔以防止钻头在深孔加工时钻偏，再用直径为 ϕ8mm 的麻花钻钻孔，然后用直径为 ϕ9. 8mm 的扩孔钻扩孔，最后用直径为 ϕ10mm 的铰刀铰孔。此为深孔加工，因此用 G83 深孔钻削指令编程。

2）四个直径为 ϕ16mm 的阶梯孔加工。在使用直径为 ϕ8mm 的钻头钻削四个孔后，用直径为 ϕ16mm 锪孔钻锪孔到图样尺寸。

3）直径为 ϕ50mm 孔的加工。大孔径加工一般用镗削或铣削来完成。该孔的尺寸精度要求一般，用铣削就可以保证。用四刃硬质合金键槽铣刀，通过缩放刀补的方法控制粗、精加工的尺寸精度。

4）直径为 ϕ30mm 孔的加工。因为该孔的尺寸精度、表面质量要求也很高，故采用镗削方式加工。零件上已经有直径为 ϕ22mm 的毛坯预制孔，在此基础上，再用直径为 ϕ26mm 的扩孔钻扩孔，然后用单刃精镗刀进行半精镗、精镗加工。

5）由于四个阶梯孔的位置精度为 80±0. 02mm，要求较高，为了确保达到图样要求，孔的加工路线按照定位准确单向趋近的原则，先从第一起刀点 A 开始，顺次加工 1、2、3 号孔，然后返回到安全平面，之后刀具快速定位至第二起刀点 B，再沿 Y 轴正方向趋近加工 4 号孔，以避免因机床丝杠的反向间隙导致的加工误差。四个小阶梯孔的加工路线如图 3-24 所示；直径为 ϕ50mm 的内孔的铣削采用圆弧式建立、撤销刀补的方法进行加工，加工路线如图 3-25 所示。

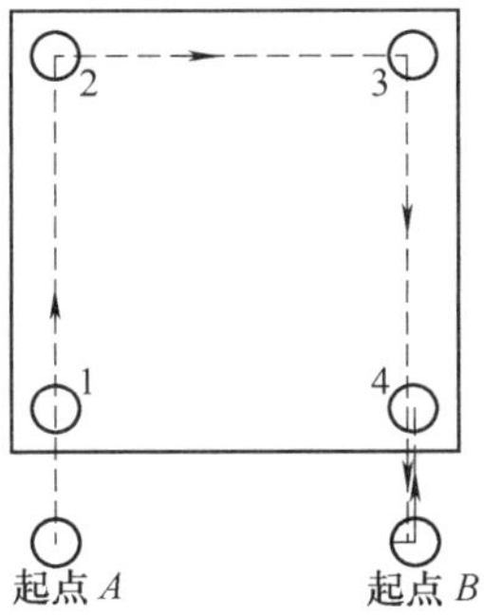

图 3-24　四个小阶级孔的加工路线

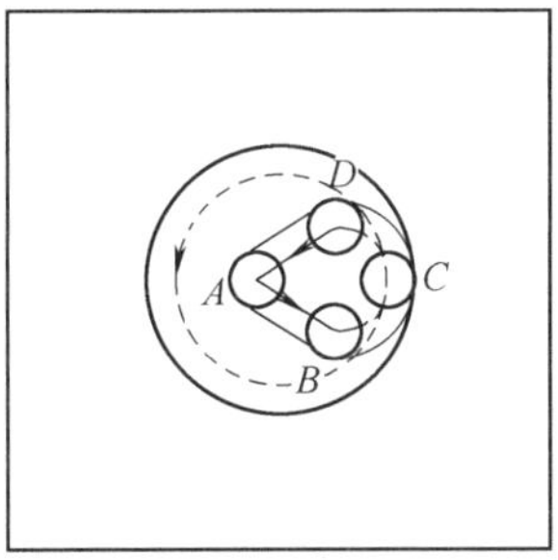

图 3-25　内孔铣削加工路线

4. 工件装夹方式

根据工件外形和大小，采用机用平口钳装夹，下面垫等高垫块，工件伸出长度为 6～8mm，在工件几何中心点建立工件坐标系。

5. 确定切削用量

阶梯孔加工的切削用量见表 3-10。

表 3-10 阶梯孔加工工艺卡片

工步号	工步内容	刀具号	刀具规格/mm	刀具名称	主轴转速 $n/(r/min)$	进给速度 $v_f/(mm/min)$	背吃刀量 a_p/mm	刀具补偿号	
								长度	半径
1	钻定位孔	T01	$\phi3$	中心钻	900	60	5	H01	
2	钻 $\phi10$mm 孔底孔	T02	$\phi8$	普通麻花钻	700	120	超出 3	H02	
3	扩 $\phi10$mm 孔的底孔	T03	$\phi9.8$	扩孔钻	500	100		H03	
4	铰 $\phi10$mm 孔的底孔	T04	$\phi10$	铰刀	200	120		H04	
5	锪 $\phi16$mm 孔	T05	$\phi16$	锪孔钻	800	200		H05	
6	扩 $\phi30$mm 孔	T06	$\phi26$	扩孔钻	600	120		H06	
7	粗铣 $\phi50$mm 的孔	T07	$\phi12$	硬质合金键槽铣刀	1800	300	5	H07	D5=6.3
8	精铣 $\phi50$mm 的孔	T07	$\phi12$	硬质合金键槽铣刀	2500	200	5	H07	D5=5.99
9	半精镗 $\phi30$mm 的孔	T08	$\phi30$	单刃精镗刀	1600	250		H08	
10	精镗 $\phi30$mm 的孔	T08	$\phi30$	单刃精镗刀	2000	300		H08	

6. 编写参考程序

加工该零件的工序较集中，全部的加工内容都在零件上表面，使用多把刀具加工，需要频繁换刀，而且是中批量生产的零件，为提高生产率，考虑使用加工中心自动换刀加工。各工序的参考程序如下：

（1）用中心钻钻四个直径为 $\phi10$mm 的定位孔的参考程序（表 3-11）

表 3-11 钻定位孔的参考程序

程序内容	程序说明
O3201;	主程序号
N10 G54 G17 G49 G40 G80 G90	设定工件坐标系，程序头初始化
N20 M06 T01	更换 T01 号刀具（中心钻）
N30 M03 S900	主轴正转，转速为 900r/min
N40 G00 X-40 Y-60	快速定位至起刀点 *A*
N50 G00 G43 Z50 H01 M08	建立刀具长度补偿，抬刀至初始平面，切削液开
N60 G99 G81 X-40 Y-40 Z-5 R5 F60	中心钻加工 1 号孔
N70 Y40	中心钻加工 2 号孔
N80 G98 X40	中心钻加工 3 号孔
N90 G00 Y-60	快速定位至起刀点 *B*
N100 G98 G81 X40 Y-40 Z-5 R5 F60	中心钻加工 4 号孔
N110 G80 M05 M09	取消钻孔循环，切削液关
N120 G91 G28 Z0	刀具返回 Z 方向的参考点
N130 M30	程序结束

（2）用直径为 ϕ8mm 的麻花钻钻削四个直径为 ϕ10mm 的孔的底孔的参考程序（表3-12）

所有点位坐标和中心钻钻孔程序一样，只不过调用刀具号为 T02，刀具补偿号为 H02，主轴转速为 700r/min，进给速度为 120mm/min，深孔加工采用 G83 指令。

表 3-12　钻削四个孔的底孔的参考程序

程序内容	程序说明
O3202	主程序号
N10 M06 T02	更换 2 号刀具
N20 M03 S700	主轴正转，转速为 700r/min
N30 G00 X-40 Y-60	快速定位
N40 G00 G43 Z50 H02 M08	建立刀具长度补偿，切削液开
N50 G99 G83 X-40 Y-40 Z-35 R5 Q3 F120	加工 1 号深孔，为保证通孔加工完整，钻头在 Z 方向有 5mm 的超出量，深孔加工每次的背吃刀量为 3mm
N60 G98 G83 X40 Y-40 Z-35 R5 Q3 F120	加工 4 号深孔

（3）四个直径为 ϕ10mm 孔的扩孔加工参考程序（表 3-13）

使用直径为 ϕ9.8mm 的扩孔钻扩孔加工的所有点位坐标和中心钻钻孔程序一样，只不过调用刀具号为 T03，刀具补偿号为 H03，主轴转速为 500r/min，进给速度为 100mm/min，因为钻削余量较小，使用 G81 指令即可满足加工要求。

表 3-13　直径为 ϕ10mm 孔的扩孔加工参考程序

程序内容	程序说明
O3203	主程序号
N10 M06 T03	更换 3 号刀具
N20 M03 S500	主轴正转，转速为 500r/min
N30 G00 X-40 Y-60	快速定位
N40 G00 G43 Z50 H03 M08	建立刀具长度补偿，切削液开
N50 G99 G81 X-40 Y-40 Z-35 R5 F100	扩孔加工 1 号孔，为保证通孔加工完整，钻头在 Z 方向有 5mm 的超出量
N60 G98 G81 X40 Y-40 Z-35 R5 F120	扩孔加工 4 号孔

其余程序不再赘述。

（4）四个直径为 ϕ10mm 孔的铰孔加工参考程序（表 3-14）

使用直径为 ϕ10mm 的铰刀铰孔的所有点位坐标和中心钻钻孔程序一样，只不过调用刀具号为 T04，刀具补偿号为 H04，主轴转速为 200r/min，进给速度为 120mm/min，采用 G85 指令实现铰孔加工。

表 3-14　直径为 ϕ10mm 孔的铰孔加工参考程序

程序内容	程序说明
O3204	主程序号
N10 M06 T04	更换 4 号刀具
N20 M03 S200	主轴正转，转速为 200r/min

（续）

程序内容	程序说明
N30 G00 X-40 Y-60	快速定位
N40 G00 G43 Z50 H04 M08	建立刀具长度补偿，切削液开
N50 G99 G85 X-40 Y-40 Z-5 R5 F120	铰孔加工 1 号孔，锪孔加工时 Z 方向的切削深度为台阶孔深度
N60 G98 G81 X40 Y-40 Z-5 R5 F120	铰孔加工 4 号孔

其余程序不再赘述。

（5）四个直径为 ϕ16mm 阶梯孔的锪孔加工参考程序

锪孔加工的所有点位坐标和中心钻钻孔程序一样，只不过调用刀具号为 T05，刀具补偿号为 H05，主轴转速为 800r/min，进给速度为 200mm/min，但是切削深度为-5mm，采用 G81 指令即可实现锪孔加工。其余程序不再赘述。

（6）直径为 ϕ30mm 孔的扩孔加工参考程序（表 3-15）

因为该孔的深度比较大，可采用 G83 深孔钻削指令进行扩孔。

表 3-15　直径为 ϕ30mm 孔的扩孔加工参考程序

程序内容	程序说明
O3205	主程序号
N10 G17 G49 G40 G80 G90	
N20 G54 M06 T06	更换 06 号刀具
N30 M03 S600	主轴正转，转速为 600r/min
N40 G00 X0 Y0	
N50 G00 G43 Z50 H06 M08	建立刀具长度补偿
N60 G98 G83 X0 Y0 Z-35 Q3 R5 F120	深孔钻削，每次的背吃刀量为 3mm
N70 G80 G00 Z30 M05 M09	
N80 G91 G28 Z0	刀具返回 Z 方向的参考点
N90 M30	

（7）直径为 ϕ50mm 孔的粗、精铣削加工参考程序

用直径为 ϕ12mm 的立铣刀粗、精铣削加工直径为 ϕ50mm 的孔，参考程序中的粗、精加工的点位坐标完全相同，不同的是切削参数，以及加工思路。粗加工时因为加工余量大，且 Z 方向的切削深度较大，可以采用主程序调用子程序的方式分层切削；精加工时可以在主程序中直接指定刀具从工件中心下刀至 Z-10 加工平面，然后调用子程序进行精加工。因为粗、精加工共用子程序加工，因此下刀动作应该放在主程序中。具体编程可以参考前面内轮廓的加工实例，此处不再赘述。

（8）直径为 ϕ30mm 孔的半精镗加工参考程序（表 3-16）

半精镗的加工精度一般，选用 G85 指令进行加工，主轴转速为 1600r/min，进给速度为 250mm/min，刀具号 T08，刀补号 H08。

表 3-15　直径为 ϕ30mm 孔的半精镗加工参考程序

程序内容	程序说明
O3206	程序号
N10 G54 G17 G49 G40 G80 G90	设定工件坐标系
N20 M06 T08	更换 T08 号刀具（单刃精镗刀）
N30 M03 S1600	主轴正转，转速为 1600r/min
N40 G00 X0 Y0	刀具快速定位至起刀点 *A*
N50 G00 G43 Z50 H08 M08	建立刀具长度补偿，抬刀至初始平面，切削液开
N60 G98 G85 X0 Y0 Z-35 R5 F250	半精镗直径为 ϕ30mm 的通孔，为确保孔壁加工的完整性，镗削的孔深要超出零件孔底 5mm
N70 G80 M05 M09	取消钻孔循环，切削液关
N80 G91 G28 Z0	刀具返回 Z 方向的参考点

（9）直径为 ϕ30mm 孔的精镗加工参考程序

精镗和半精镗的程序基本相同，只是主轴转速为 2000r/min，进给速度为 300mm/min，刀具号 T08，刀补号 H08，最重要的是为了不划伤孔壁，保证内孔表面质量，采用在孔底具有主轴准停功能、刀尖偏离孔壁抬刀的 G76 指令，以提高加工精度和效率。因此在表 3-16 所示的 N60 程序段中修改程序为

```
N60 G98 G76 X0 Y0 Z-35 R5 Q1 P1000 F300
```

【检测与评价】

根据任务完成情况填写评价表（表 3-17）。

表 3-17　阶梯孔加工评价表

序号	考核项目	考核内容及要求	配分/分	评分标准	检测结果	得分
1	加工准备	装夹方案设计合理	10	每处不合理扣 1 分		
2		工具清单完整	10	每缺一项扣 2 分		
3		安装找正方法正确	10	每错一处扣 2 分		
4	尺寸精度	$\phi30^{+0.03}_{0}$mm	10	超差不得分		
		$\phi50^{+0.025}_{0}$mm	10	超差不得分		
		80±0.02mm	10	超差不得分		
5	表面粗糙度	$Ra1.6\mu m$	10	超差不得分		
6	文明生产	文明生产，符合安全生产规程	5	不符合要求酌情扣分		
7		加工工艺及操作方法正确	5	不符合要求酌情扣分		
8	工具、设备的使用与维护	正确、规范使用工具和量具，合理维护与保养工具和量具	5	不符合要求酌情扣分		
9		正确、规范使用设备，合理保养与维护设备	5	不符合要求酌情扣分		
10		操作姿势正确，动作规范	5	不符合要求酌情扣分		
11	完成时间		5	每超时 10min 扣 1 分；超时 30min 为不合格		
总配分			100	总得分		

项目四

斜面、曲面铣削编程与加工

教学目标

1. 掌握斜面铣削加工工艺和编程指令。
2. 掌握曲面内轮廓铣削加工的编程方法。

任务一　斜面铣削编程与加工

学习目标

知识目标

➢ 掌握斜面的铣削编程方法。

技能目标

➢ 能读懂零件图。
➢ 能用数控铣床加工斜面。

【工作任务】

分析图 4-1 所示压板的零件图，通过所学的数控铣削编程知识铣削零件图中所示压板的 25°斜面及轮廓，毛坯尺寸为 80mm×35mm×22mm。

【相关知识】

一、刀位点

刀具在机床上的位置是由“刀位点”的位置来表示的，不同的刀具，刀位点不同。平头立铣刀、面铣刀类刀具，刀位点为它们的底面中心。钻头的刀位点为钻尖。球头铣刀的刀位点为球心。镗刀类刀具的刀位点为刀尖。

对刀点找正的准确度直接影响加工精度。当零件加工精度要求较高时，可用千分表找正对刀。对刀时，应使“刀位点”与“对刀点”一致。

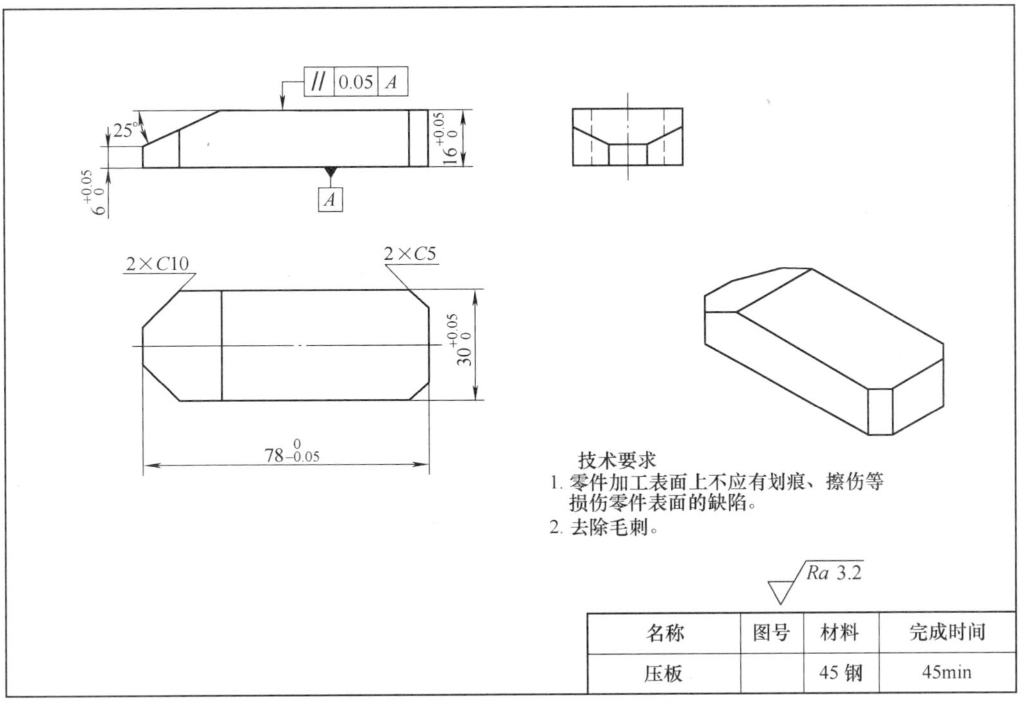

图 4-1 压板铣削加工

二、换刀点

数控镗铣床、加工中心等多刀加工数控机床，在加工过程中需要换刀，所以在编程时应考虑不同工序之间的换刀位置，即换刀点。

为避免换刀时刀具与工件、夹具等发生干涉，换刀点应设在工件的外部。

换刀点的选择主要根据加工操作的实际情况考虑，在不发生干涉的情况下，应使操作方便。

由于数控铣床采用手动换刀，换刀时操作人员的主动性较高，换刀点只要设在零件外面，不发生换刀阻碍即可。

【任务实施】

1. 识读零件图

读到的信息见表 4-1。

表 4-1 压板铣削加工零件图信息

需要阅读的内容	获得的信息
零件名称	压板
零件材料	45 钢
该图样采用的视图	主视图、左视图、俯视图
零件形状	板类
零件图中的重要尺寸	$6^{+0.05}_{0}$mm、$30^{+0.05}_{0}$mm、$16^{+0.05}_{0}$mm、$78^{0}_{-0.05}$mm
表面粗糙度要求	$Ra3.2\mu m$

2. 选择刀具

选择 ϕ16mm 键槽铣刀铣削加工压板轮廓，选择 ϕ10mm、R1mm 牛鼻刀铣削加工 25°斜面。

3. 工件的装夹方式

根据工件外形和大小，采用机用平口钳装夹，下面垫等高垫块，工件高出钳口 16mm。

4. 确定切削用量

压板铣削加工的切削用量见表 4-2。

表 4-2　压板铣削加工工艺卡片

工步号	工步内容	刀具	铣削用量		
			主轴转速 n/(r/min)	进给速度 v_f/(mm/min)	背吃刀量 a_p/mm
1	铣削压板轮廓	ϕ16mm 键槽铣刀	700	70	4
2	铣削斜面	ϕ10mm 牛鼻刀	2000	500	0.1
3	翻面铣削	ϕ10mm 牛鼻刀	700	70	—

5. 编写参考程序

压板铣削加工参考程序见表 4-3。

表 4-3　压板铣削加工参考程序

程序内容	程序说明
O4101	主程序号
N10 G54 G90 G17	建立工件坐标系
N20 G28 G91 Z0	回参考点
N30 T01	手动更换 01 号刀具
N40 M03 S700	主轴正转，转速为 700r/min
N50 G90	绝对编程
N60 G00 G43 H1 Z50	刀具长度补偿
N70 G00 X55 Y-30	定位
N80 Z5	
N90 G01 Z0 F70	
N100 M98 P044102	调用 O4102 号子程序 4 次
N110 G00 Z50	
N120 G00 G49 Z100	取消刀具长度补偿
N130 M05	主轴停转
N140 G91 G28 Z0	回参考点
N150 M01	程序暂停
N160 T02	手动更换 02 号刀具

（续）

程序内容	程序说明
N170 M03 S2000	主轴正转，转速为 2000r/min
N180 G00 G90 G43 H2 Z100	刀具长度补偿
N190 G00 X-55 Y-21	
N200 G01 Z5 F500	
N210 M98 P03004103	调用 O4103 号子程序 300 次
N220 G00 G49 Z100	取消刀具长度补偿
N230 M30	程序结束
O4102	子程序
N240 G00 X55 Y-30	
N250 G91 G01 Z-4	分层切削，每次 4mm
N260 G90 G41 D01 Y-15	
N270 G01 X-29	
N280 X-39 Y-5	
N290 Y5	
N300 X-29 Y15	
N310 X34	
N320 X39 Y10	
N330 Y-10	
N340 X34 Y-15	
N350 G40 G01 X55 Y-30	
N360 M99	子程序结束
O4103	子程序 O4103
N370 G18	选择 XZ 平面内加工
N380 G00 X-55 Z5	
N390 G01 X-45 Z-6	
N400 G01 X-17. 555 Z0	
N410 G00 X-55 Z5	
N420 G01 G91 Y0. 1	每次切削 0. 1mm
N430 G90	
N440 M99	子程序结束

【检测与评价】

根据任务完成情况填写评价表（表 4-4）。

表 4-4　压板铣削加工评价表

序号	考核项目	考核内容及要求	配分/分	评分标准	检测结果	得分
1	加工准备	装夹方案设计合理	5	每处不合理扣 1 分		
2		工具清单完整	5	每缺一项扣 2 分		
3		安装找正方法正确	10	每错一处扣 2 分		
4	尺寸精度	$6^{+0.05}_{0}$mm	10	超差不得分		
		$30^{+0.05}_{0}$mm	10	超差不得分		
		$16^{+0.05}_{0}$mm	10	超差不得分		
		$78^{0}_{-0.05}$mm	10	超差不得分		
5	平行度	0.05mm	10	超差不得分		
6	文明生产	文明生产，符合安全生产规程	5	不符合要求酌情扣分		
7		加工工艺及操作方法正确	5	不符合要求酌情扣分		
8	工具、设备的使用与维护	正确、规范使用工具和量具，合理维护与保养工具和量具	5	不符合要求酌情扣分		
9		正确、规范使用设备，合理保养与维护设备	5	不符合要求酌情扣分		
10		操作姿势正确，动作规范	5	不符合要求酌情扣分		
11	完成时间		5	每超时 10min 扣 1 分；超时 30min 为不合格		
总配分			100	总得分		

【知识拓展】

百分表是一种精度较高的比较量具，它只能测出相对数值，不能测出绝对数值，主要用于测量零件圆度、圆跳动、平面度、平行度和直线度等几何误差，也可以用于机床上安装工件时的精密找正。

一、百分表的使用方法和注意事项

百分表的使用方法如图 4-2 所示。

使用百分表时，应注意以下几点：

1）使用前，应检查测杆的灵活性。轻轻推动测杆，测杆在轴套内的移动要灵活，没有任何卡滞现象，且每次将测杆放松后，度盘上的指针能回到原来的位置。

2）使用时，必须把百分表固定在可靠的夹持架上（如固定在万能表架或磁性表座上）夹持架要平稳安

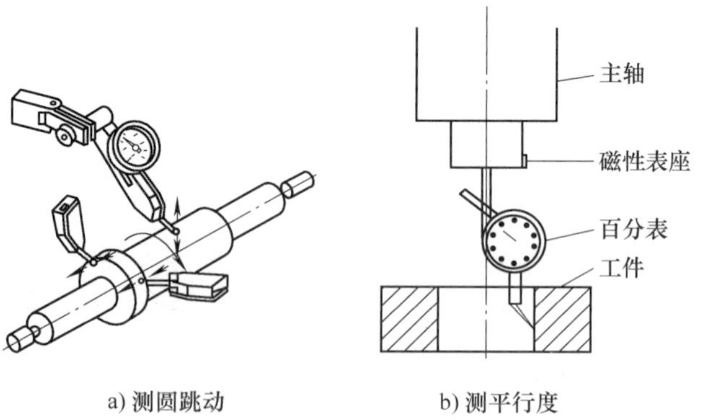

图 4-2　百分表的使用方法

放，以免测量结果不准确或摔坏百分表。以夹持百分表的轴套来固定百分表时，夹紧力不要过大，以免因轴套变形而使测杆不灵活，如图 4-3 所示。

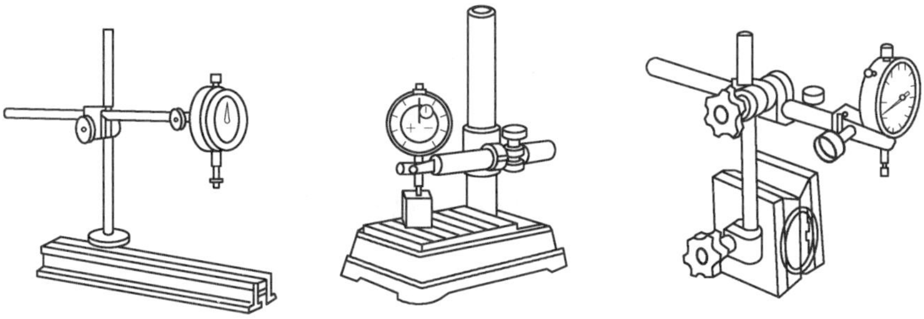

图 4-3　安装在专用夹持架上的百分表

3）测量平面时，百分表的测杆要与被测平面垂直。测量圆柱形工件时，测杆要与工件的中心线垂直，否则可能使测杆活动不灵活或使测量结果不准确，如图 4-4 所示。

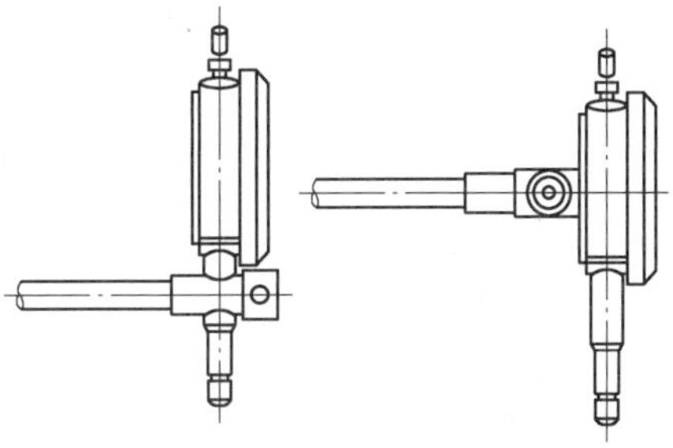

图 4-4　使用百分表测量平面

4）测量过程中，不要使测杆的行程超过它的测量范围；不要使测头突然撞在零件上；不要使百分表受到剧烈的振动和撞击，更不要把零件强迫推入测头下，以免因损坏百分表的机件而使其失去精度。因此，应避免使用百分表测量表面粗糙或有显著凹凸不平的零件。

5）用百分表找正或测量工件时，应使测杆有一定的初始测力，即在测头与工件表面接触时，测杆应有 0.3~1mm 的压缩量，使度盘上的指针转过半圈左右，然后转动表圈，使度盘的零刻线对准指针。轻轻地拉动手提测杆的圆头，拉起和放松几次，检查指针是否指向零刻线。当指针指向零刻线后，再开始测量或找正工件。如果是找正工件，此时开始改变工件的相对位置，读出指针的偏摆值，就是工件安装的偏差数值，如图 4-5 所示。

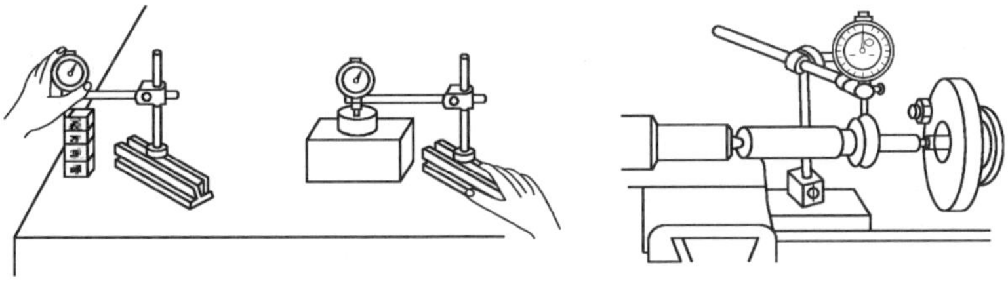

图 4-5　用百分表进行找正与检验的方法

6）检查工件平面度或平行度时，将工件放在平台上，使测头与被测工件表面接触，调整指针使其摆动，然后把度盘的零位对准指针，跟着慢慢地移动表座或工件，当指针顺时针方向摆动时，说明工件偏高；当指针逆时针方向摆动时，说明工件偏低了。

二、百分表的维护与保养

1）百分表是比较精密的测量工具，要轻拿轻放，不得碰撞或跌落地下。

2）应定期校验百分表精度和灵敏度。

3）百分表使用完毕，用棉纱擦拭干净，放入盒内，盖好盒盖。

4）在使用百分表的过程中，要严格防止水、油和灰尘渗入表内，测杆上也不要沾油，免得粘有灰尘的油污进入表内，影响表的灵敏性。

5）百分表不使用时，应使测杆处于自由状态，以免表内的弹簧失效。

任务二　曲面内轮廓铣削编程与加工

学习目标

知识目标

- 掌握曲面内轮廓的铣削加工方法。
- 掌握圆弧插补指令的内容与含义。
- 掌握在不同平面内圆弧方向判别的方法。

技能目标

- 能读懂零件图。
- 能用数控铣床加工曲面内轮廓。

【工作任务】

分析零件图 4-6，通过所学的数控铣削加工编程知识，结合编程代码 G02、G03 等指令，确定圆弧内轮廓的加工方法，并编写加工程序，毛坯尺寸为 100mm×80mm×20mm。

【相关知识】

圆弧插补指令 G02、G03

G02 为按指定进给速度进给的顺时针圆弧插补指令，G03 为按指定进给速度进给的逆时针圆弧插补指令。

圆弧顺逆方向的判别方法：沿着不在圆弧平面内的坐标轴，由正方向朝负方向看，顺时针方向为 G02，逆时针方向为 G03，如图 4-7 所示。

指令格式：

```
XY 平面
G17 G02 X_  Y_  I_  J_  (R_ ) F_
G17 G03 X_  Y_  I_  J_  (R_ ) F_
ZX 平面
G18 G02 X_  Z_  I_  K_  (R_ ) F_
G18 G03 X_  Z_  I_  K_  (R_ ) F_
YZ 平面
G19 G02 Z_  Y_  J_  K_  (R_ ) F_
G19 G03 Z_  Y_  J_  K_  (R_ ) F_
```

其中，

X、Y、Z 是圆弧插补的终点坐标；I、J、K 是圆弧起点到圆心的增量坐标，与 G90，G91 无关；R 为指定圆弧半径，当圆弧的圆心角小于或等于 180°时，R 值为正，当圆弧的圆心角大于 180°时，R 值为负。

各平面内圆弧情况如图 4-8 所示。

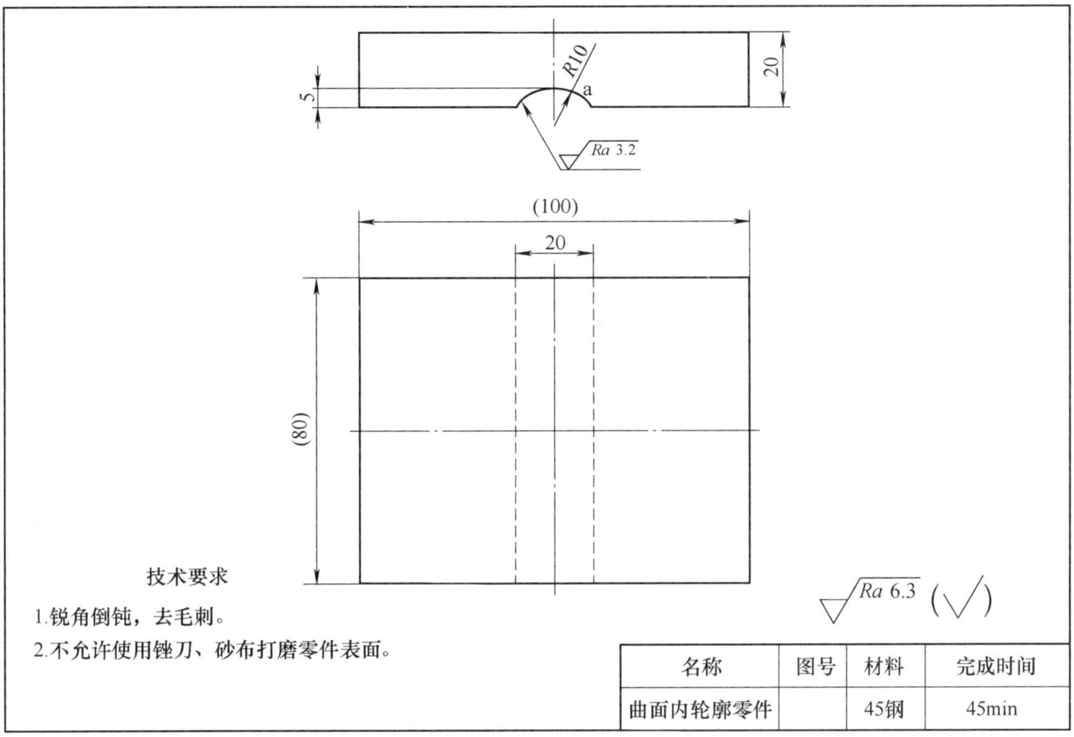

图 4-6　曲面内轮廓铣削加工

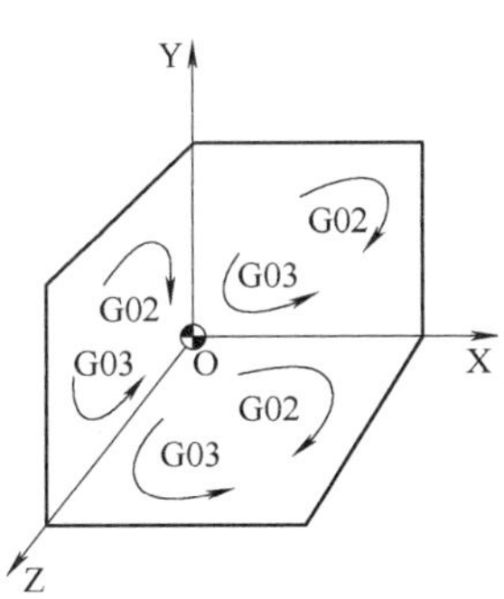

图 4-7　圆弧顺逆方向判别

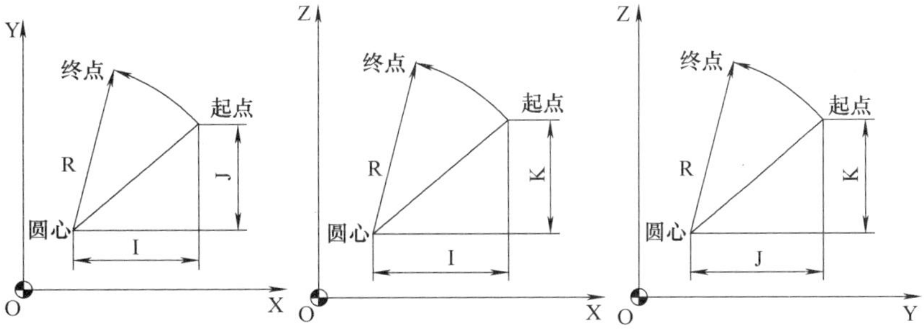

a) XY平面逆圆弧　b) ZX平面顺圆弧　c) YZ平面逆圆弧

图 4-8　各平面内圆弧情况

【任务实施】

1. 识读零件图

读到的信息见表 4-5。

表 4-5　曲面内轮廓铣削加工零件图信息

需要阅读的内容	获得的信息
零件名称	曲面内轮廓零件
零件材料	45 钢
该图样采用的视图	主视图、俯视图
零件形状	方料
零件图中的重要尺寸	20mm、5mm、*R*10mm
表面粗糙度要求	*Ra*3. 2μm、*Ra*6. 3μm

2. 选择刀具

根据图样要求，选择 ϕ12mm 球头铣刀。

3. 确定切削的起点、终点和加工路线（表 4-6）

表 4-6　曲面内轮廓铣削加工的加工路线

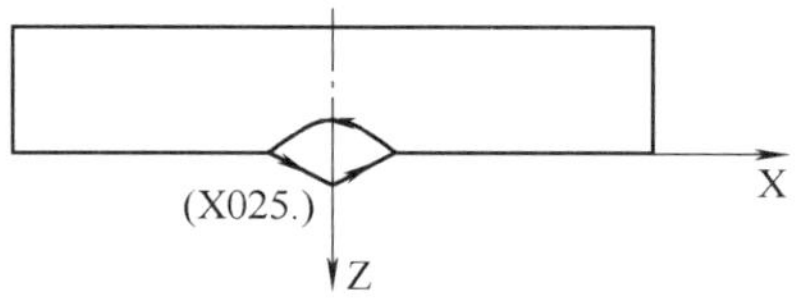

符号	⊙	⊗							
含义	抬刀	下刀	编程原点	起刀点	走刀方向	走刀线相交	爬斜坡	铰孔	行切

4. 工件装夹方式

根据工件外形和大小，采用机用平口钳装夹，下面垫等高垫块，工件伸出长度为 6~8mm，在工件上表面几何中心点建立工件坐标系。

5. 确定切削用量

曲面内轮廓铣削加工的切削用量见表 4-7。

表 4-7　曲面内轮廓铣削加工工艺卡

工步号	工步内容	刀具	铣削用量		
			主轴转速 n/(r/min)	进给速度 v_f/(mm/min)	背吃刀量 a_p/mm
1	*R*10mm 曲面加工	ϕ12mm 球头铣刀	4000	2000	0. 5

6. 编写参考程序

曲面内轮廓铣削加工参考程序见表 4-8。

表 4-8　曲面内轮廓铣削加工参考程序

程序内容	程序说明
O4201	主程序号
N10 G54 G90 G17	建立工件坐标系，选择 XOY 加工平面，绝对编程
N20 M03 S4000	主轴正转，转速为 4000r/min（直径为 ϕ12mm 高速工具钢球头铣刀）
N30 G00 Z100	刀具 Z 向快速定位至工件上方 100mm 处
N40 G00 X0 Y-45	刀具 Z 向快速定位
N50 M98 P1804202	调用 O4202 号子程序 180 次
N60 G00 Z100	Z 向快速返回至工件上方 100mm 处
N70 M30	程序结束，主轴停转
O4202	子程序号
N10 G91 Y0. 5	向 Y 轴正方向增量移动 0. 5mm
N20 G18 G90 G00 X0 Z5	快速定位
N30 G41 G01 D1 X10 Z0 F2000	建立刀具半径补偿
N40 G01 X6 Z-3	直线插补
N50 G03 X-6 R5	逆时针圆弧插补
N60 G01 X-10 Z0	直线插补
N70 G40 G01 X0 Z5	取消刀具半径补偿
N80 M99	子程序结束

【检测与评价】

根据任务完成情况填写评价表（表 4-9）。

表 4-9　曲面内轮廓铣削加工评价表

序号	考核项目	考核内容及要求	配分/分	评分标准	检测结果	得分
1	加工准备	装夹方案设计合理	10	每处不合理扣 1 分		
2		工具清单完整	10	每缺一项扣 2 分		
3		安装找正方法正确	10	每错一处扣 2 分		
4	尺寸精度	R10mm 曲面	40	超差不得分		
5	文明生产	文明生产，符合安全生产规程	5	不符合要求酌情扣分		
6		加工工艺及操作方法正确	5	不符合要求酌情扣分		
7	工具、设备的使用与维护	正确、规范使用工具和量具，合理维护与保养工具和量具	5	不符合要求酌情扣分		
8		正确、规范使用设备，合理保养与维护设备	5	不符合要求酌情扣分		
9		操作姿势正确，动作规范	5	不符合要求酌情扣分		
10	完成时间		5	每超过 10min 扣 1 分；超时 30min 为不合格		
总配分			100	总得分		

项目五

典型零件铣削编程与加工

教学目标

1. 掌握典型零件的铣削加工工艺和编程指令。
2. 掌握典型零件铣削加工与编程方法。

任务一　永磁泵泵体铣削编程与加工

学习目标

知识目标

- ➢ 掌握平面、轮廓、孔加工工艺知识。
- ➢ 掌握刀具半径补偿、子程序使用方法。

技能目标

- ➢ 能读懂永磁泵泵体零件图。
- ➢ 能编制永磁泵泵体 *A* 面加工工序。
- ➢ 能编制永磁泵泵体 *A* 面加工参考程序。
- ➢ 能比较熟练地使用数控仿真软件加工永磁泵泵体。
- ➢ 能操作数控铣床加工出合格的永磁泵泵体。

【工作任务】

分析图 5-1 所示永磁泵泵体的零件图，通过所学的数控铣削加工编程知识，综合应用前面所学知识，确定加工方法，并编写加工程序，毛坯为数控车床上的已加工工件（图 5-2）。

【相关知识】

在工件上加工出内、外螺纹的方法主要有切削加工和滚压加工两类。

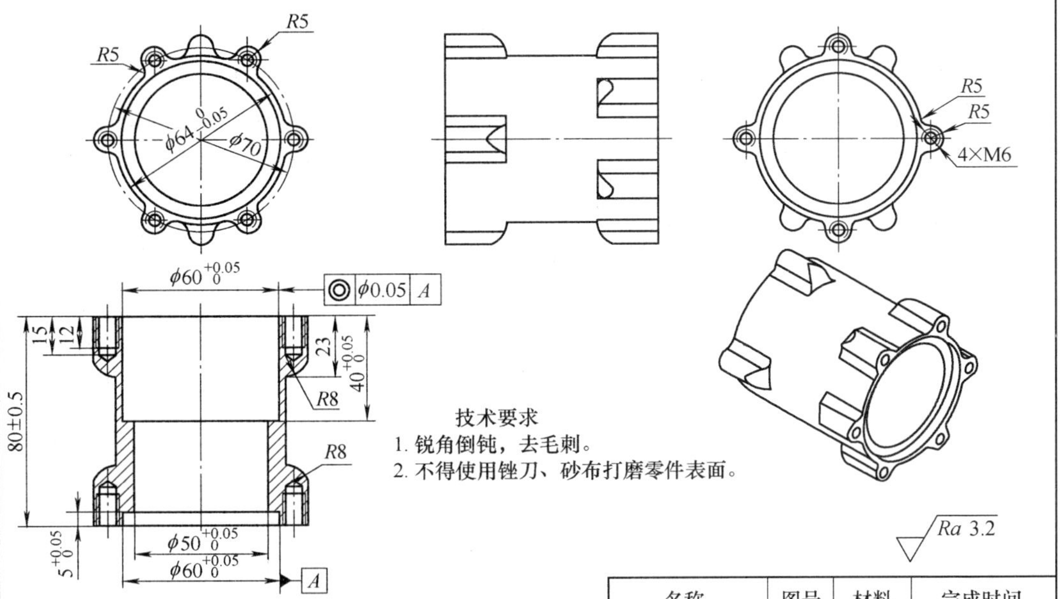

技术要求

1. 锐角倒钝，去毛刺。
2. 不得使用锉刀、砂布打磨零件表面。

名称	图号	材料	完成时间
永磁泵泵体		45 钢	45min

图 5-1　永磁泵泵体铣削加工零件图

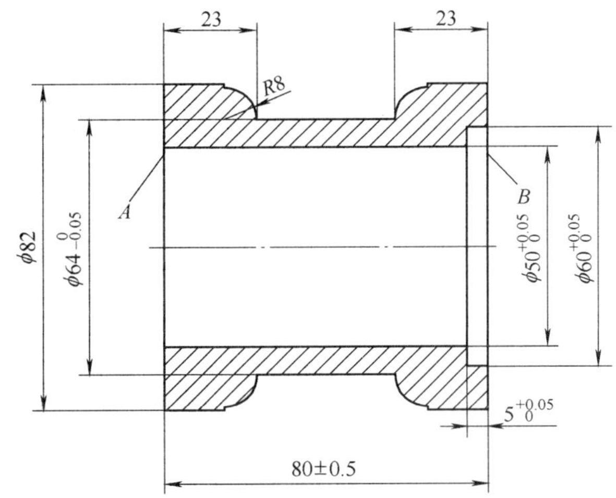

名称	图号	材料	完成时间
泵体毛坯		45 钢	

图 5-2　永磁泵泵体车削加工备料图

一、螺纹的切削加工

螺纹的切削加工一般是指用成形刀具或磨具在工件上加工螺纹的方法，主要有车削、铣削、攻螺纹、套螺纹、磨削、研磨和旋风切削等。车削、铣削和磨削螺纹时，工件每转一转，机床的传动链保证车刀、铣刀或砂轮沿工件轴向准确而均匀地移动一个导程。在攻螺纹或套螺纹时，刀具（丝锥或板牙）与工件做相对旋转运动，并由先形成的螺纹沟槽引导着刀具（或工件）做轴向移动。

1. 螺纹的车削加工

在车床上车削螺纹可采用成形车刀或螺纹梳刀，由于刀具结构简单，采用成形车刀车削螺纹是单件和小批生产螺纹工件的常用方法；用螺纹梳刀车削螺纹，生产率高，但刀具结构复杂，只适于中、大批量生产中车削细牙的短螺纹工件，如图 5-3 所示。

2. 螺纹的铣削加工

螺纹的铣削加工是指在螺纹铣床上用盘形铣刀或梳形铣刀加工螺纹。盘形铣刀主要用于铣削丝杠、蜗杆等工件上的梯形外螺纹。梳形铣刀用于铣削加工内、外普通螺纹和锥螺纹，由于是用多刃铣刀，其工作部分的长度又大于被加工螺纹的长度，故工件只需要旋转 1.25~1.5 转便可完成加工，生产率很高。螺纹铣削的螺距精度一般能达 8~9 级，表面粗糙度 Ra 值为 5~0.63μm。铣削加工可用于成批生产一般精度的螺纹工件或磨削前的粗加工，如图 5-4 所示。

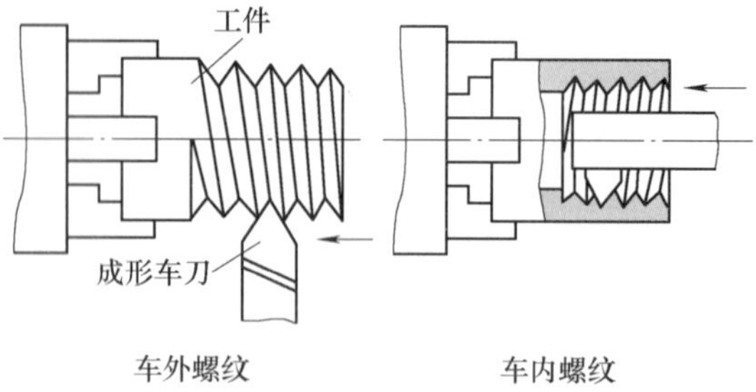

图 5-3 螺纹的车削加工

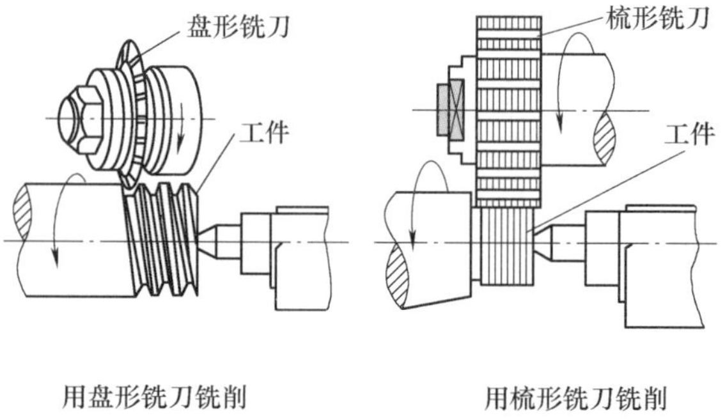

图 5-4 螺纹的铣削加工

3. 螺纹的磨削加工

螺纹的磨削加工主要是指在螺纹磨床上加工淬硬工件的精密螺纹，如图 5-5 所示。

4. 攻螺纹和套螺纹

攻螺纹是指用一定的转矩将丝锥旋入工件上预钻的底孔中加工出内螺纹。套螺纹是指用板牙在棒料（或管料）工件上切出外螺纹。攻螺纹或套螺纹的加工精度取决于丝锥和板牙的精度。加工内、外螺纹的方法虽然很多，但小直径的内螺纹只能依靠丝锥加工。攻螺纹和套螺纹可手工操作，也可用车床、钻床、攻丝机和套丝机，如图 5-6 所示。

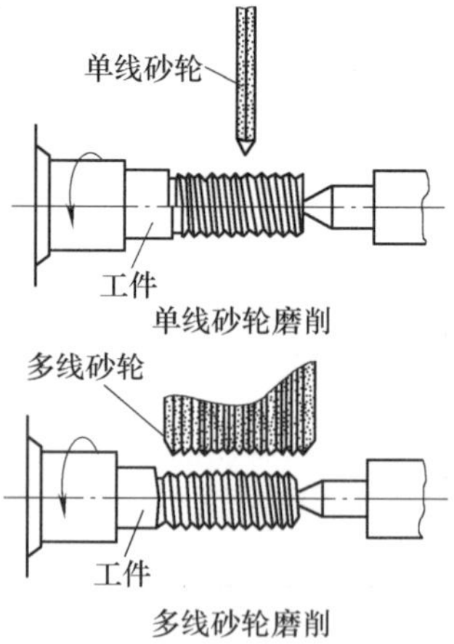

图 5-5 螺纹的磨削加工

（1）攻螺纹工具。丝锥是攻螺纹并能直接获得螺纹尺寸的刀具，一般由合金工具钢或高速工具钢制成。丝锥是一个轴向开槽的外螺纹。丝锥前端切削部分制成圆锥，有锋利的切削刃；中间为导向校正部分，起修光和引导丝锥轴向运动的作用；柄部都有方头，用于连接工具。常用的丝锥分为机用丝锥和手用丝锥两种，手用丝锥由两支或三支（头锥、二锥和三锥）组成一种规格，机用丝锥每种规格只有一支。

（2）丝锥装夹　在立式数控铣床（加工中心）上加工内螺纹前，由专用的攻螺纹夹头刀柄（轴向有 5~10mm 的伸出或缩入移动）和丝锥夹套安装丝锥，如图 5-7 所示。

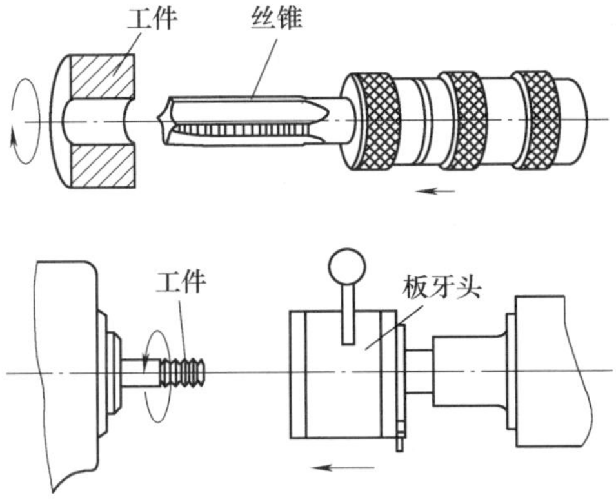

图 5-6　攻螺纹和套螺纹

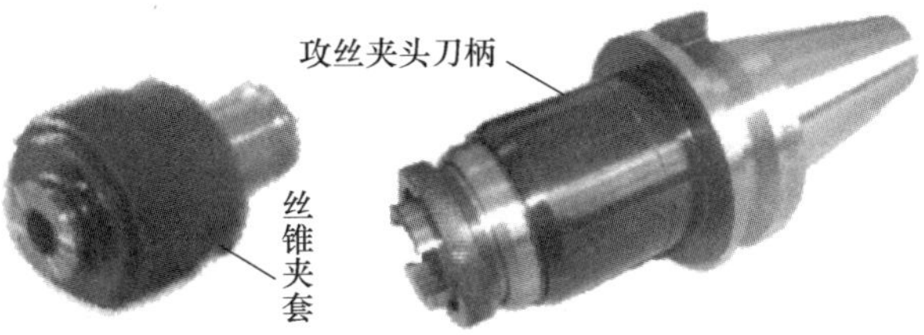

图 5-7　丝锥夹套和刀柄

（3）螺纹底孔直径的确定　攻螺纹前应加工出螺纹的底孔，底孔的直径尺寸可根据螺纹的螺距查阅手册或按下面的经验公式确定。

加工钢件或塑性材料时，螺纹底孔直径为

$$D \approx d - P$$

加工铸铁或脆性材料时，螺纹底孔直径为

$$D \approx d - (1.05 \sim 1.1)P$$

式中　D——底孔直径，单位为 mm；

d——螺纹公称直径，单位为 mm；

P——螺距，单位为 mm。

不通孔工件攻螺纹时，由于丝锥切削部分不能攻到孔底，所以孔的深度要大于螺纹长度，孔深可按下式计算

$$L = l + 0.7d$$

式中　L——孔的深度，单位为 mm；

l——螺纹长度，单位为 mm；

d——螺纹公称直径，单位为 mm。

（4）注意事项

1）直径在 M6 以下的螺纹不适合在立式数控铣床上加工，因为自动攻螺纹不能随机控制加工状态，且小直径丝锥易折断。

2）攻螺纹时要求排屑效果好，因此一般应加注切削液。

3）丝锥用钝后应及时更换，不得强行攻制螺纹，以免丝锥在加工时发生折断。

二、螺纹的滚压加工

螺纹的滚压加工是指用成形滚压模具使工件产生塑性变形以获得螺纹的加工方法。螺纹滚压一般在滚丝机、搓丝机或在附装自动开合螺纹滚压头的自动车床上进行，适用于大批量生产标准紧固件和其他螺纹联接件的外螺纹。滚压螺纹的外径一般不超过 25mm，长度不大于 100mm，螺纹精度可达 2 级，所用坯件的直径大致与被加工螺纹的中径相等。滚压一般不能加工内螺纹，但对材质较软的工件可用无槽挤压丝锥冷挤内螺纹（最大直径可达 30mm 左右），工作原理与攻螺纹类似。冷挤内螺纹时所需转矩约比攻螺纹大一倍，加工精度和表面质量比攻螺纹略高。

按滚压模具的不同，螺纹滚压可分为搓丝和滚丝两类，如图 5-8 所示。

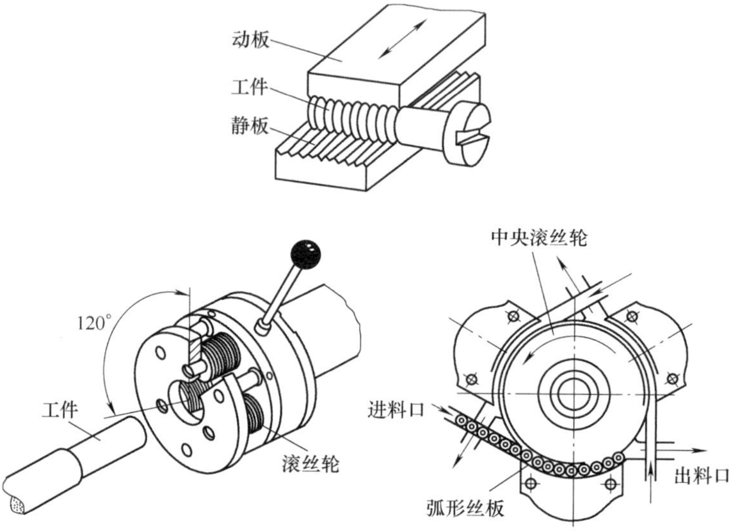

图 5-8　螺纹的滚压加工

【任务实施】

1. 识读零件图

读到的信息见表 5-1。

表 5-1　永磁泵泵体铣削加工零件图信息

识读内容	获得的信息
零件名称	永磁泵泵体
零件材料	45 钢
该图样采用的视图	剖视图
零件形状	盘套类
长度方向的标注基准与长度尺寸	A 面；$5^{+0.05}_{0}$mm、$40^{+0.05}_{0}$mm、80±0.5mm、12mm、15mm、23mm
径向的尺寸基准及径向尺寸	轴线；$\phi60^{+0.05}_{0}$mm、$\phi50^{+0.05}_{0}$mm、$\phi64^{0}_{-0.05}$mm
零件图中的重要尺寸	$5^{+0.05}_{0}$mm、$40^{+0.05}_{0}$mm、80 ± 0.5mm、12mm、15mm、23mm、$\phi60^{+0.05}_{0}$mm、$\phi50^{+0.05}_{0}$mm、$\phi64^{0}_{-0.05}$mm
表面粗糙度要求	$Ra3.2\mu m$

2. 选择刀具

依据图样要求选择永磁泵泵体铣削加工的刀具（表 5-2）。

表 5-2　刀具卡片

序号	刀具号	刀具名称	刀具规格/mm	刀具材料	备注
1	T01	镗刀	$\phi49$	高速工具钢	
2	T02	镗刀	$\phi50$	高速工具钢	
3	T03	圆柱平底立铣刀	$\phi12$	高速工具钢	
4	T04	圆柱平底立铣刀	$\phi12$	高速工具钢	
5	T05	钻头	$\phi5$	高速工具钢	
6	T06	丝锥	M6	高速工具钢	

3. 确定切削的起点、终点及加工路线

对于二维轮廓的铣削加工，通常采用的加工路线为：从起刀点下刀到下刀点→沿切向切入工件→轮廓切削→刀具向上抬刀，退离工件→返回起刀点。对于孔系加工，要注意孔的加工顺序的安排，避免将坐标轴的反向间隙带入，影响位置精度。

永磁泵泵体铣削加工的加工路线设计见表 5-3。

表 5-3　加工路线

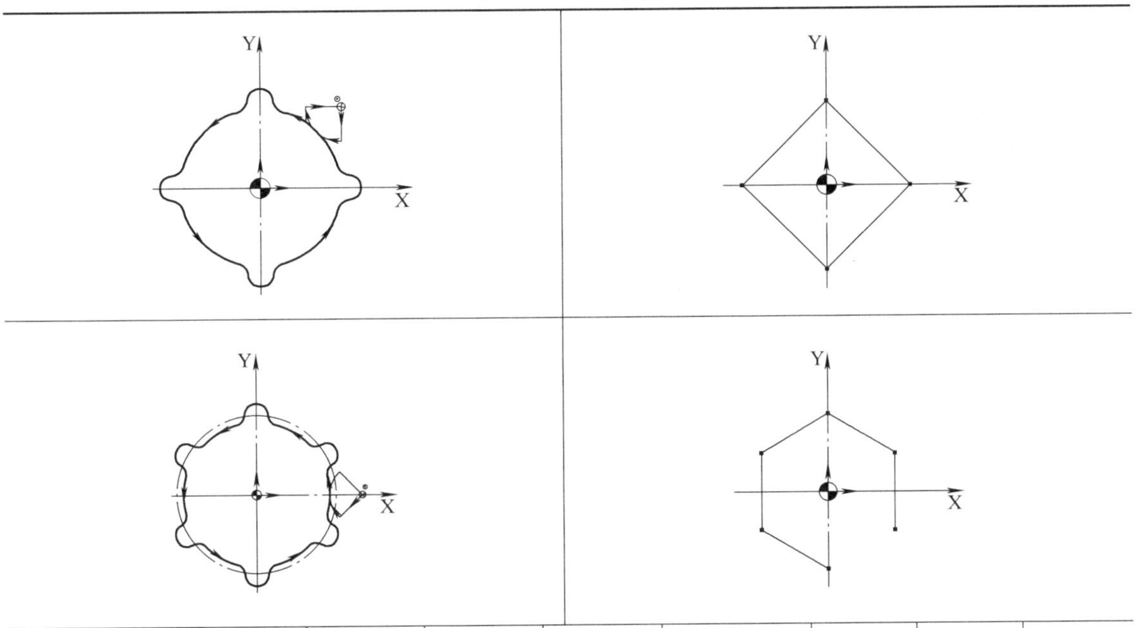

符号	⊙	⊗							
含义	抬刀	下刀	编程原点	起刀点	走刀方向	走刀线相交	爬斜坡	铰孔	行切

4. 工件装夹方式

为保证定心准确，采用机用平口钳加 V 形块装夹。

5. 确定切削用量

永磁泵泵体铣削加工的切削用量见表 5-4。

表 5-4　永磁泵泵体铣削加工工艺卡片

工序编号	工序名称	工步	工步内容	刀具号	主轴转速 n/(r/min)	进给速度 v_f/(mm/min)	背吃刀量 a_p/mm	夹具
01	铣	1	机用平口钳加 V 形块装夹零件，以工件上表面圆心为原点建立工件坐标系					机用平口钳加 V 形块
		2	粗镗泵体上部直径为 ϕ60mm 和 ϕ50mm 孔至 ϕ59mm 和 ϕ49mm	T01	500	80	3	
		3	精镗泵体上部直径为 ϕ60mm 和 ϕ50mm 孔至尺寸	T02	600	100	1	
		4	粗铣上部轮廓至直径为 ϕ65mm	T03	800	200	4	
		5	精铣上部轮廓至直径为 ϕ64mm，确保尺寸	T04	1000	300		
		6	钻削直径为 ϕ5mm 孔（六处）	T05	800	100		
		7	调头粗铣直径为 ϕ60mm 的孔和 ϕ64mm 表面至 ϕ59mm 和 ϕ65mm	T03	800	200	4	
		8	精铣直径为 ϕ60mm 的孔和 ϕ64mm 表面至尺寸	T04	1000	300		
		9	钻削直径为 ϕ5mm 的孔（四处）	T05	800	100		
		10	去毛刺					
02	攻螺纹	1	手工攻螺纹 M6（4 处）					

6. 编写参考程序

泵体底部程序参照下端盖底部程序，打孔程序也参照下端盖，攻螺纹可以用手工完成。永磁泵泵体孔的加工，可用极坐标编程，参考程序见表 5-5。

表 5-5　永磁泵泵体孔加工参考程序

程序内容	程序说明
O5001	主程序号
N10 G54 G17 G90	建立工件坐标系，选择 XOY 加工平面，绝对坐标编程方式
N20 M03 S800	主轴正转，转速为 800r/min
N30 G43 H1 G00 Z100	快速定位至工件上方 100mm 处
N40 G16 X35 Y0	极坐标极径为 35mm，极角为 0°
N50 G81 G99 X35 Y0 Z-2 R2 F100	点孔，孔的深度为 2mm
N60 Y60	极坐标极径为 35mm，极角为 60°
N70 Y120	极坐标极径为 35mm，极角为 120°
N80 Y180	极坐标极径为 35mm，极角为 180°
N90 Y240	极坐标极径为 35mm，极角为 240°
N100 Y300	极坐标极径为 35mm，极角为 300°
N110 Y360	极坐标极径为 35mm，极角为 360°
N120 G80	取消点孔循环

（续）

程序内容	程序说明
N130 G15	取消极坐标
N140 G00 Z100	快速定位到工件上方 100mm 处
N150 M5	主轴停止
N160 M00	选择性停止
N170 G00 G43 H2 Z100	刀具长度正补偿，补偿号为 2 号
N180 G16 X35 Y0	快速定位到极径为 35mm，极角为 0°
N190 G81 G99 X35 Y0 Z-18 R2 F100	钻孔，孔的深度为 18mm
N200 Y60	极坐标极径为 35mm，极角为 60°
N210 Y120	极坐标极径为 35mm，极角为 120°
N220 Y180	极坐标极径为 35mm，极角为 180°
N230 Y240	极坐标极径为 35mm，极角为 240°
N240 Y300	极坐标极径为 35mm，极角为 300°
N250 Y360	极坐标极径为 35mm，极角为 360°
N260 G80	取消点孔循环
N270 G15	取消极坐标
N280 G00 Z100	快速定位到工件上方 100mm 处
N290 M5	主轴停止
N300 M30	程序结束

【检测与评价】

根据任务完成情况填写评价表（表 5-6）。

表 5-6　永磁泵泵体铣削加工评价表

序号	考核项目	考核内容及要求	配分/分	评分标准	检测结果	得分
1	加工准备	装夹方案设计合理	3	每处不合理扣 1 分		
2		工具清单完整	4	每缺一项扣 2 分		
3		安装找正方法正确	4	每错一处扣 2 分		
4	尺寸精度	$5^{+0.05}_{0}$ mm	10	超差不得分		
		$40^{+0.05}_{0}$ mm	10	超差不得分		
		$\phi64^{0}_{-0.05}$ mm	10	超差不得分		
		$\phi60^{+0.05}_{0}$ mm	10	超差不得分		
		$\phi50^{+0.05}_{0}$ mm	10	超差不得分		
		80±0.5mm	5	超差不得分		

（续）

序号	考核项目	考核内容及要求	配分/分	评分标准	检测结果	得分
5	表面粗糙度	$Ra3.2\mu m$	10	超差不得分		
6	文明生产	文明生产，符合安全生产规程	4	不符合要求酌情扣分		
7		加工工艺及操作方法正确	4	不符合要求酌情扣分		
8	工具、设备的使用与维护	正确、规范使用工具和量具，合理维护与保养工具和量具	4	不符合要求酌情扣分		
9		正确、规范使用设备，合理保养与维护设备	4	不符合要求酌情扣分		
10		操作姿势正确，动作规范	4	不符合要求酌情扣分		
11	完成时间		4	每超时 10min 扣 1 分；超时 30min 为不合格		
总配分			100	总得分		

极坐标编程

FANUC 数控系统提供了极坐标编程功能，即平面上点的坐标用极坐标（半径和角度）输入，极坐标的半径是极坐标原点到编程点的距离，极坐标的角度有方向性，角度的正向是所选平面的第一轴正向逆时针方向。

极坐标指令格式：G17 G16 X_　Y_

⋮

G15

其中，G16 为指令极坐标方式编程指令；G15 为取消极坐标编程指令；X 为极坐标半径；Y 为极坐标角度。

极坐标轴的方位取决于 G17、G18、G19 指令指定的加工平面。当用 G17 指定加工平面时，+X 轴为极轴，程序中的 X 坐标指令极半径，Y 坐标指令极角；当用 G18 指定加工平面时，+Z 轴为极轴，程序中的 Z 坐标指令极半径，X 坐标指令极角；当用 G19 指定加工平面时，+Y 轴为极轴，程序中的 Y 坐标指令极半径，Z 坐标指令极角。

极坐标原点指定方式有两种，一种是以工件坐标系原点作为极坐标原点；另一种是以刀具当前的位置作为极坐标原点。

当以工件坐标系原点作为极坐标系原点时，用绝对值编程方式来指定。例如程序“G90 G17 G16”中，极坐标半径值是指终点坐标到编程原点的距离；角度值是指终点坐标与编程原点的连线与 X 轴的夹角，如图 5-9 所示。

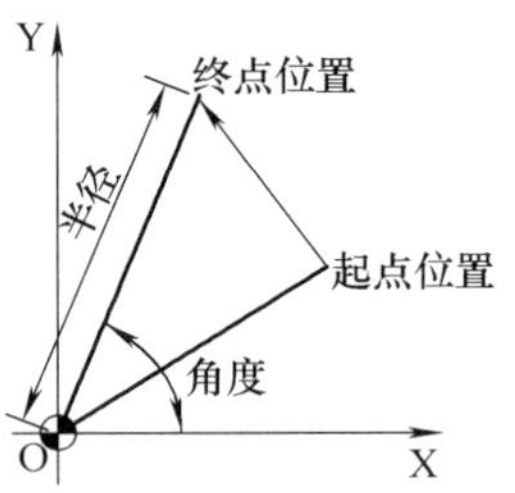

图 5-9　绝对值编程时的角度值

当以刀具当前位置作为极坐标原点时，用增量值编程方式来指定。例如程序“G91 G17 G16”中，极坐标半径值是指终点到刀具当前位置的距离；角度值是指前一坐标原点与当前极坐标系原点的连线与当前轨迹的夹角，如图 5-10 所示。

极坐标编程可以大大减少编程时的计算工作量，因此在编程中得到广泛应用。通常情况下，圆周分布的孔类零件（如法兰盘类零件）以及图样尺寸以半径与角度形式标示的零件（如铣正多边形），采用极坐标编程较为合适。

例：用极坐标编程加工图 5-11 示的孔，其参考程序见表 5-7 和表 5-8。

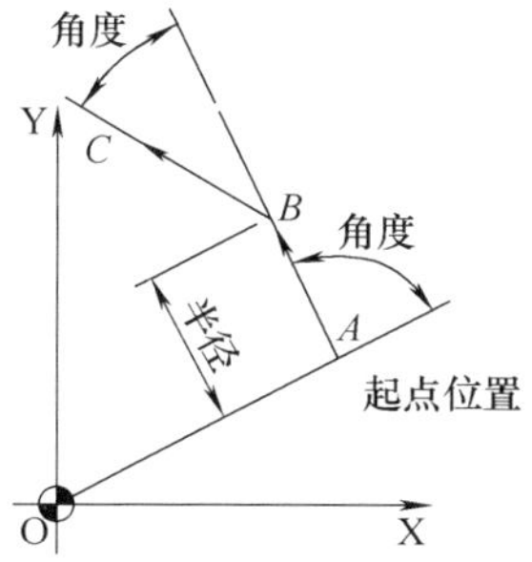

图 5-10　增量值编程时的角度值

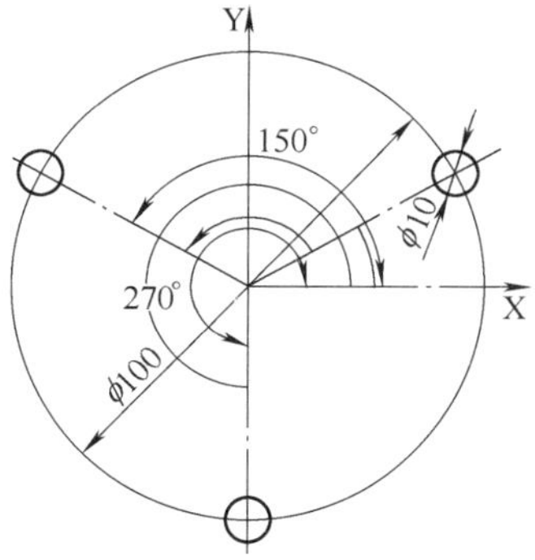

图 5-11　孔加工

表 5-7　绝对值指令指定角度和极半径参考程序

程序内容	程序说明
G54 G17 G90 G16	极坐标编程，编程原点为极坐标系原点
G81 X50 Y30 Z-20 R5 F200	在半径 50mm 和角度 30°位置钻孔
Y150	在半径 50mm 和角度 150°位置钻孔
Y270	在半径 50mm 和角度 270°位置钻孔
G15 G80	取消极坐标指令，取消钻孔循环

表 5-8　增量值指令指定角度和极半径参考程序

程序内容	程序说明
G54 G17 G91 G16	极坐标编程，编程原点为极坐标系原点
G81 X50 Y30 Z-20 R5 F200	在半径 50mm 和角度 30°位置钻孔
Y150	在半径 50mm 和角度 120°位置钻孔
Y270	在半径 50mm 和角度 120°位置钻孔
G15 G80	取消极坐标指令，取消钻孔循环

采用极坐标编程时，需要注意以下几点：

1）指定完极坐标之后要取消极坐标指令。

2）在极坐标方式中，以下内容不属于极坐标指令的部分：

①停刀指令（G04）。

②可编程数据输入指令（G10）。

③设定局部坐标系指令（G52）。

④工件坐标系转换指令（G92）。

⑤选择机床坐标系指令（G53）。

⑥存储行程检测指令（G22）。

⑦坐标系旋转指令（G68）。

⑧比例缩放指令（G51）。

3）任意角度倒角和拐角圆弧过渡，在极坐标方式中不能指定任意角度倒角和拐角圆弧过渡。

任务二　叶轮铣削编程与加工

学习目标

知识目标

- ➢ 读零件图知识。
- ➢ 薄壁件加工知识。
- ➢ 编程知识（刀具半径补偿、旋转指令、子程序）。

技能目标

- ➢ 能读懂叶轮零件图。
- ➢ 能编制叶轮 A 面加工工序。
- ➢ 能编制叶轮 A 面加工程序。

【工作任务】

分析图 5-12 所示叶轮的零件图，通过所学的数控铣削加工编程知识，利用坐标旋转指令 G68、G69 和子程序调用指令 M98 等，确定加工方法，并编写加工程序，毛坯为数控车床上的已加工件（图 5-13）。

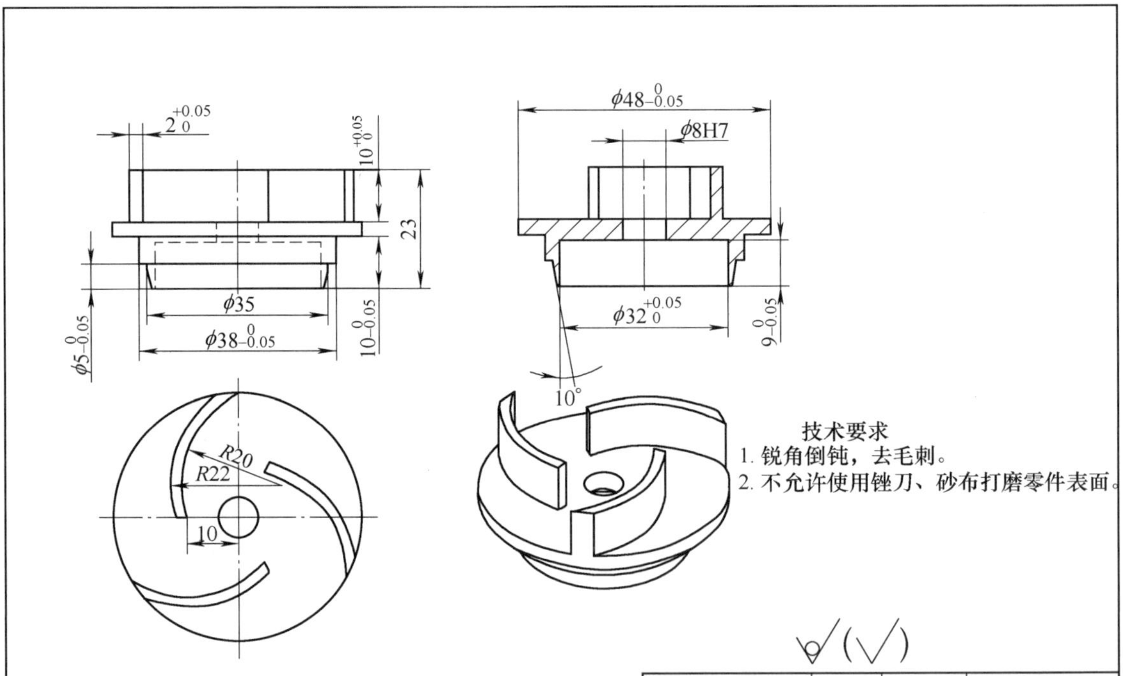

名称	图号	材料	完成时间
叶轮		45 钢	45min

图 5-12　叶轮铣削加工零件图

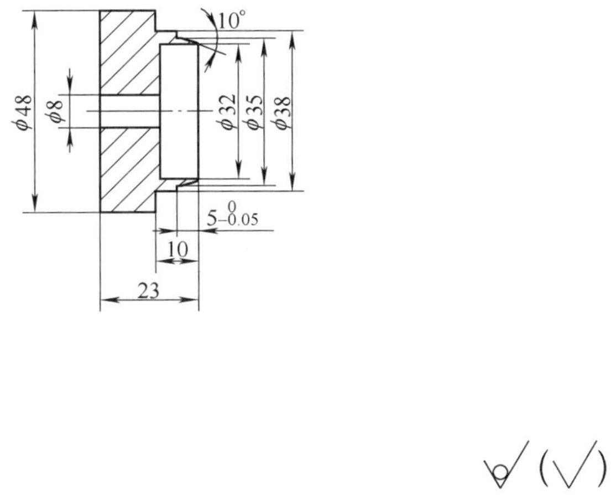

名称	图号	材料	完成时间
叶轮车削备料图		45 钢	45min

图 5-13　备料图（车削加工）

【相关知识】

坐标系旋转指令 G68、G69 可使编程图形按指定旋转中心及旋转方向旋转一定的角度。用该功能可将工件旋转至某一指定角度。另外，如果工件的形状由许多相同的图形组成，则可将图形单元编成子程序，然后用主程序的旋转指令调用子程序，简化编程。G68 指令表示开始坐标旋转，G69 指令用于撤销旋转功能。

指令格式：

G68 X_ Y_ R_ 设定坐标系旋转

G69　　　　取消坐标系旋转

其中，X、Y 表示旋转中心坐标，R 表示角度位移，正值为逆时针旋转。

例：使用旋转功能编制图 5-14 所示轮廓的加工程序。

设刀具起点距工件上表面 50mm，切削深度为 5mm，程序见表 5-9。

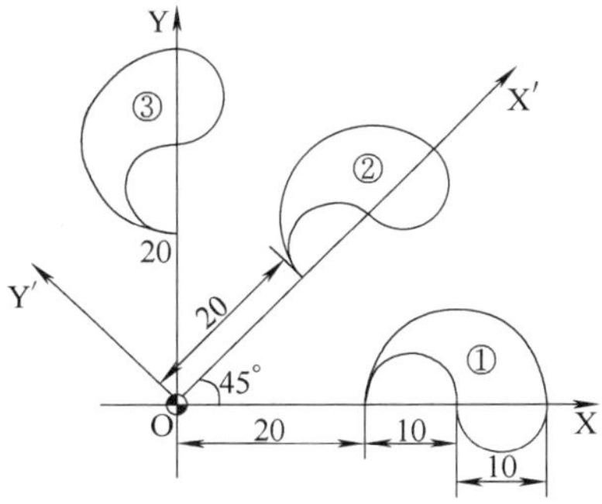

图 5-14　旋转加工轮廓

表 5-9　参考程序

程序内容	程序说明
O5201	主程序号
N10 G54 G17 G90	建立工件坐标系，选择 XOY 加工平面，绝对值编程
N20 M03 S1500	主轴正转，转速为 1500r/min
N30 G43 H1 G00 Z100	刀具 Z 向快速定位至工件上方 100mm 处
N40 G00 Z2	刀具 Z 向快速定位至工件上方 2mm 处
N50 M98 P5202	调用 O5202 号子程序 1 次
N60 G68 X0 Y0 R45	旋转 45°
N70 M98 P5202	调用 O5202 号子程序 1 次
N80 G69	取消旋转
N90 G68 X0 Y0 R90	旋转 90°
N100 M98 P2000	调用 O5202 号子程序 1 次
N110 G69	取消旋转
N120 G49 G00 Z100 M05	取消刀具长度补偿，主轴停止
N130 M30	程序结束，主轴停止
子程序	①的加工程序
O5202	子程序号
N10 G00 Z5	Z 向定位
N20 G01 X20 Y0 F80	直线插补，进给速度为 80mm/min
N30 G01 Z-2 F100	直线插补，进给速度为 100mm/min
N40 G02 X30 Y0 R5	顺时针圆弧插补
N50 G03 X40 Y0 R5	逆时针圆弧插补
N60 X20 Y0 R10	逆时针圆弧插补
N70 G00 Z5	Z 向抬刀至工件表面 5mm 处
N80 M99	子程序结束

【任务实施】

1. 识读零件图

读到的信息见表 5-10。

表 5-10　零件图信息

需要阅读的内容	获得的信息
零件名称	叶轮
零件材料	45 钢
该图样采用的视图	剖视图
零件形状	盘套类
零件图中的重要尺寸	*A* 面；$5_{-0.05}^{0}$mm、$10_{-0.05}^{0}$mm、23mm、$9_{-0.05}^{0}$mm
径向的尺寸基准及径向尺寸	轴线；$\phi38_{-0.05}^{0}$mm、$\phi32_{0}^{+0.05}$mm、ϕ8H7、$\phi48_{-0.05}^{0}$mm
零件图中的重要尺寸	$10_{-0.05}^{0}$ mm、23mm、$9_{-0.05}^{0}$ mm、$\phi38_{-0.05}^{0}$ mm、$\phi32_{0}^{+0.05}$ mm、ϕ8H7、$\phi48_{-0.05}^{0}$ mm、$2_{0}^{+0.05}$mm
表面粗糙度要求	*Ra*1.6μm

2. 选择刀具

依据图样要求，选择叶轮铣削加工的刀具（表 5-11）。

表 5-11　刀具卡片

序号	刀具号	刀具名称	刀具规格/mm	刀具材料	备注
1	T01	圆柱平底立铣刀	$\phi 10$	高速工具钢	
2	T02	圆柱平底立铣刀	$\phi 10$	高速工具钢	

3. 确定切削的起点、终点及加工路线（表 5-12）

表 5-12　加工路线

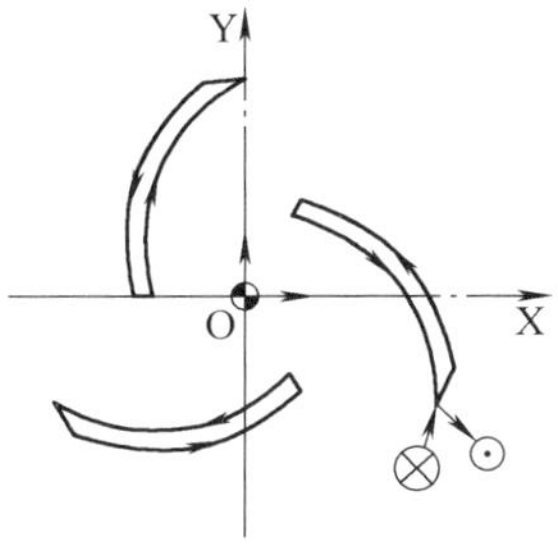

符号	⊙	⊗				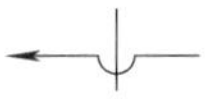			
含义	抬刀	下刀	编程原点	起刀点	走刀方向	走刀线相交	爬斜坡	铰孔	行切

4. 工件装夹方式

根据工件外形和大小，采用自定心卡盘装夹工件。

5. 确定切削用量

叶轮铣削加工的切削用量见表 5-13。

表 5-13　叶轮铣削加工工艺卡片

工序编号	工序名称	工步	工步内容	刀具号	主轴转速 n/(r/min)	进给速度 v_f/(mm/min)	背吃刀量 a_p/mm	夹具
01	铣	1	自定心卡盘装夹零件，在工件上表面圆心建立工件坐标系					自定心卡盘
		2	粗铣叶轮，预留 0.5mm 的加工余量	T01	1000	200	3	
		3	精铣叶轮至尺寸	T02	1200	300		
		4	去毛刺					

6. 编写参考程序表（5-14）

表 5-14 叶轮铣削加工参考程序

程序内容	程序说明
O5203	主程序号
N10 G54 G17 G90	建立工件坐标系，选择 XOY 加工平面，绝对值编程
N20 T1	手动换 1 号刀具
N30 M03 S1000	主轴正转，转速为 1000r/min
N40 G43 H1 G00 Z100	快速定位至工件上方 100mm 处
N50 G00 Z2	快速定位至工件上方 2mm 处
N60 M98 P035204	叶轮粗加工，调用子程序 O5204，3 次
N70 G68 X0 Y0 R-120	顺时针旋转 120°加工
N80 M98 P035	
N90 G69	
N100 G68 X0 Y0 R-240	
N110 M98 P035204	
N120 G69	
N130 G91 G28 Z0	
N140 M05	
N150 M01	
N160 T02	精加工换 02 号刀
N170 G43 G00 H2 Z100	
N180 M03 S1200	
N190 M98 P0003	叶轮精加工
N200 G68 X0 Y0 R-120	
N210 M98 P5205	
N220 G69	
N230 G68 X0 Y0 R-240	
N240 M98 P0003	
N250 G69	
N260 G00 Z100	刀具快速移动到工件上方 100mm 处
N270 M30	主轴停止，程序结束
O5204	子程序号（粗加工程序）
N280 G00 X-8. 154 Y-5. 709	快速定位到坐标点（-8. 154，-5. 709）处
N290 G01 G91 Z-4 F100	增量进给进行分层加工，每次切削深度为 4mm
N300 G01 G42 D1 G90 X-10 Y0 F200	建立刀具半径补偿
N310 G17 G02 X0 Y24 I19. 03 J6. 154	加工叶轮轮廓
N320 G03 X-4. 377 Y23. 597 I0 J-24	
N330 G03 X-12. 092 Y0 I13. 407 J-17. 443	
N340 G01 X-10	
N350 G40 X-4	取消刀具半径补偿
N360 G0 Z2	刀具快速移动到工件上方 2mm 处
N370 M99	子程序结束

（续）

程序内容	程序说明
O5205	子程序号（精加工程序）
N380 G00 X-8.154 Y-5.709	快速定位到坐标点（-8.154，-5.709）处
N390 G01 G90 Z-10 F100	精加工
N400 G42 D2 X-10 Y0 F1000	建立刀具半径补偿
N410 G17 G02 X0 Y24 I19.03 J6.154	加工叶轮
N420 G03 X-4.377 Y23.597 I0 J-24	
N430 G03 X-12.092 Y0 I13.407 J-17.443	
N440 G01 X-10	
N450 G40 X-4	取消刀具半径补偿
N460 G00 Z2	刀具快速移动到工件上方 2mm 处
N470 M99	子程序结束

【检测与评价】

根据任务完成情况填写评价表（表 5-15）。

表 5-15　叶轮铣削加工评价表

序号	考核项目	考核内容及要求	配分/分	评分标准	检测结果	得分
1	加工准备	装夹方案设计合理	3	每处不合理扣 1 分		
2		工具清单完整	4	每缺一项扣 2 分		
3		安装找正方法正确	4	每错一处扣 2 分		
4	尺寸精度	$\phi38_{-0.05}^{0}$ mm	10	超差不得分		
		$\phi32_{0}^{+0.05}$ mm	10	超差不得分		
		ϕ8H7	10	超差不得分		
		$\phi48_{-0.05}^{0}$ mm	10	超差不得分		
		$10_{-0.05}^{0}$ mm	10	超差不得分		
		$\phi32_{0}^{+0.05}$ mm	5	超差不得分		
		$9_{-0.05}^{0}$ mm	10			
5	文明生产	文明生产，符合安全生产规程	4	不符合要求酌情扣分		
6		加工工艺及操作方法正确	4	不符合要求酌情扣分		
7	工具、设备的使用与维护	正确、规范使用工具和量具，合理维护与保养工具和量具	4	不符合要求酌情扣分		
8		正确、规范使用设备，合理保养与维护设备	4	不符合要求酌情扣分		
9		操作姿势正确，动作规范	4	不符合要求酌情扣分		
10	完成时间		4	每超时 10min 扣 1 分；超时 30min 为不合格		
总配分			100	总得分		

附录

附录 A　数控铣床 G 功能和 M 功能

表 A-1　数控铣床 G 功能

代码	分组	含　义	格　式
G00	01	快速进给、定位	G00 X_ Y_ Z_
G01		直线插补	G01 X_ Y_ Z_
G02		圆弧插补 CW （顺时针）	XY 平面内的圆弧： G17{G02/G03} X_ _ _ _ _ Y_ _ _ _ _ {R_ _ _ _ _ / I_ _ _ _ _ J_ _ _ _ _ _} ZX 平面的圆弧： G18{G02/G03} X_ _ _ _ _ Z_ _ _ _ _ {R_ _ _ _ _ / I_ _ _ _ _ K_ _ _ _ _} YZ 平面的圆弧： G19{G02/G03} Y_ _ _ _ _ Z_ _ _ _ _ {R_ _ _ _ _ / J_ _ _ _ _ K_ _ _ _ _}
G03		圆弧插补 CCW （逆时针）	
G04	00	暂停	G04[P/X] 单位为秒，增量状态的单位为毫秒，无参数状态表示停止
G15	17	取消极坐标指令	G15 取消极坐标指令
G16		极坐标指令	Gxx Gyy G16 开始极坐标指令 G00 IP_ 极坐标指令 Gxx：极坐标指令的平面选择（G17、G18、G19） Gyy：G90 指定工件坐标系原点为极坐标的原点 G91 指定当前位置作为极坐标的原点 IP：指定极坐标系选择平面的轴地址及其值 第 1 轴：极坐标半径 第 2 轴：极角
G17	02	XY 平面	G17 选择 XY 平面
G18		ZX 平面	G18 选择 XZ 平面
G19		YZ 平面	G19 选择 YZ 平面

（续）

代码	分组	含　　义	格　　式
G20	06	英制输入	
G21		米制输入	
G30	00	回参考点	G30X_ _ Y_ _ Z_ _
G31		由参考点返回	G31X_ _ Y_ _ Z_ _
G40	07	取消刀尖圆弧半径补偿	
G41		刀尖圆弧半径左补偿	$\left\{\begin{matrix}G41\\G42\end{matrix}\right\}$ D_
G42		刀尖圆弧半径右补偿	
G43	08	正向刀具长度补偿	$\left\{\begin{matrix}G43\\G44\end{matrix}\right\}$ H_
G44		负向刀具长度补偿	
G49		取消刀具长度补偿	
G50	11	取消缩放	
G51		比例缩放	G51 X_ Y_ Z_ P_ 缩放开始 X_ Y_ Z_ 比例缩放中心坐标的绝对值指令 P_ 缩放比例 G51 X_ Y_ Z_ I_ J_ K_ 缩放开始 X_ Y_ Z_ 比例缩放中心坐标值的绝对值指令 I_ J_ K_ X、Y、Z 各轴对应的缩放比例
G52	00	设定局部坐标系	
G53		选择机床坐标系	G53 X_ _ Y_ _ Z_ _
G54~G59	14	选择工作坐标系 1~6	
G68	16	坐标系旋转	
G69		取消坐标轴旋转	
G73	09	深孔钻削固定循环	G73 X_ _ Y_ _ Z_ _ R_ _ Q_ _ F_ _
G74		左螺纹攻螺纹固定循环	G74 X_ _ Y_ _ Z_ _ R_ _ P_ _ F_ _
G76		精镗固定循环	G76 X_ _ Y_ _ Z_ _ R_ _ Q_ _ F_ _
G90	03	绝对值编程	
G91		增量值编程	
G92	00	设置工件坐标系	G92X_ _ Y_ _ Z_ _
G98	10	返回固定循环初始点	
G99		返回固定循环 R 点	
G80	09	取消固定循环	
G81		钻削固定循环、钻中心孔循环（孔底不停留，快速退出）	G81 X_ _ Y_ _ Z_ _ R_ _ F_ _
G82		钻削固定循环、钻中心孔循环（孔底暂停，快速退出）	G82 X_ _ Y_ _ Z_ _ R_ _ P_ _ F_ _
G83		深孔钻削固定循环	G83 X_ _ Y_ _ Z_ _ R_ _ Q_ _ F_ _
G84		攻螺纹固定循环	G84 X_ _ Y_ _ Z_ _ R_ _ F_ _

（续）

代码	分组	含　义	格　式
G85	09	镗孔固定循环（孔底无动作，进给退出）	G85 X_ _　Y_ _　Z_ _　R_ _　F_ _
G86		镗孔循环（孔底主轴停，快速退出）	G86 X_ _　Y_ _　Z_ _　R_ _　P_ _　F_ _
G88		镗孔循环（孔底主轴停，手动退出）	G88 X_ _　Y_ _　Z_ _　R_ _　P_ _　F_ _
G89		镗削孔循环（孔底暂停，进给方式退出）	G89 X_ _　Y_ _　Z_ _　R_ _　P_ _　F_ _

表 A-2　数控铣床 M 功能

代　码	含　义
M00	停止程序运行
M01	选择性停止
M02	结束程序运行
M03	主轴正向转动开始
M04	主轴反向转动开始
M05	主轴停止转动
M06	换刀指令
M08	切削液开
M09	切削液关
M32	结束程序运行且返回程序开头
M98	子程序调用
M99	子程序结束

附录 B　切削用量推荐值

表 B-1　每齿进给量 f_z 值　（单位：mm）

工件材料	圆柱铣刀	面铣刀	立铣刀	杆铣刀	成形铣刀	高速工具钢嵌齿铣刀	硬质合金嵌齿铣刀
铸铁	0. 2	0. 2	0. 07	0. 05	0. 04	0. 3	0. 1
软（中硬）钢	0. 2	0. 2	0. 07	0. 05	0. 04	0. 3	0. 09
硬钢	0. 15	0. 15	0. 06	0. 04	0. 03	0. 2	0. 08
镍铬钢	0. 1	0. 1	0. 05	0. 02	0. 02	0. 15	0. 06
高镍铬钢	0. 1	0. 1	0. 04	0. 02	0. 02	0. 1	0. 05
可锻铸铁	0. 2	0. 15	0. 07	0. 05	0. 04	0. 3	0. 09
铸铁	0. 15	0. 1	0. 07	0. 05	0. 04	0. 2	0. 08
青铜	0. 15	0. 15	0. 07	0. 05	0. 04	0. 3	0. 1
黄铜	0. 2	0. 2	0. 07	0. 05	0. 04	0. 3	0. 21

（续）

工件材料	圆柱铣刀	面铣刀	立铣刀	杆铣刀	成形铣刀	高速工具钢嵌齿铣刀	硬质合金嵌齿铣刀
铝	0.1	0.1	0.07	0.05	0.04	0.2	0.1
Al-Si 合金	0.1	0.1	0.07	0.05	0.04	0.18	0.08
Mg-Al-Zn 合金	0.1	0.1	0.07	0.04	0.03	0.15	0.08
Al-Cu-Mg 合金 Al-Cu-Si	0.15	0.1	0.07	0.05	0.04	0.2	0.1

表 B-2 切削速度 v_c 值 （单位：m/min）

工件材料	刀具材料					
	碳素钢	高速工具钢	超高速工具钢	Stellite	YT	YG
铝	75~150	150~300		240~460		300~600
黄铜（软）	12~25	20~50		45~75		100~180
青铜（硬）	10~20	20~40		30~50		60~130
青铜（最硬）		10~15	15~20			40~60
铸铁（软）	10~12	15~25	18~35	28~40		75~100
铸铁（硬）		10~15	10~20	18~28		45~60
铸铁（冷硬）			10~15	12~18		30~60
可锻铸铁	10~15	20~30	25~40	35~45		75~110
钢（软）	10~14	18~28	20~30		45~75	
钢（中）	10~15	15~25	18~28		40~60	
钢（硬）		10~15	12~20		30~45	

参 考 文 献

［1］郑堤．数控机床与编程［M］．2版．北京：机械工业出版社，2010.
［2］实用数控加工技术编委会．实用数控加工技术［M］．北京：兵器工业出版社，1995.
［3］杨建明．数控加工工艺与编程［M］．北京：北京理工大学出版社，2007.
［4］吴祖育，秦鹏飞．数控机床［M］．上海：上海科学技术出版社，2000.
［5］于春生，韩旻．数控机床编程及应用［M］．北京：高等教育出版社，2001.
［6］许祥泰，刘艳芳．数控加工编程实用技术［M］．北京：机械工业出版社，2000.
［7］杨有君．数控技术［M］．2版．北京：机械工业出版社，2011.
［8］李业农．数控机床及其应用［M］．北京：国防工业出版社，2006.
［9］孟少农．机械加工工艺手册［M］．北京：机械工业出版社，1992.
［10］张伯霖．高速切削技术及应用［M］．北京：机械工业出版社，2002.
［11］邓奕．数控机床结构与数控编程［M］．北京：国防工业出版社，2006.
［12］沈建峰，朱勤惠．数控加工生产实例［M］．北京：化学工业出版社，2007.
［13］王晓余．数控铣床操作基础与应用实例［M］．北京：电子工业出版社，2007.
［14］王侃夫．机床数控技术基础［M］．北京：机械工业出版社，2001.
［15］关雄飞．数控加工技术综合实训［M］．北京：机械工业出版社，2005.
［16］袁锋．全国数控大赛试题精选［M］．北京：机械工业出版社，2005.
［17］仇朝东．加工中心操作工：中级［M］．北京：中国劳动社会保障出版社，2008.
［18］朱明松，王翔．数控铣床编程与操作项目教程［M］．2版．北京：机械工业出版社，2017.